海洋工程装备焊接技术应用

刘立君　杨祥林　崔元彪　编

中国海洋大学出版社
·青岛·

内容简介

本书主要介绍海洋工程装备和平台焊接技术现状、海洋工程装备常用焊接工艺方法、水下焊接技术、水下切割技术、水下机器人焊接技术和船舶焊接技术,重点突出实用性和工程性。

本书可作为全国本科、高职高专院校海洋工程相关专业的教材,也可供从事海洋工程相关机械制造和材料加工行业的工程技术人员参考。

图书在版编目(CIP)数据

海洋工程装备焊接技术应用 / 刘立君,杨祥林,崔
元彪编. —青岛:中国海洋大学出版社,2015.8
　ISBN 978-7-5670-0983-7

Ⅰ.①海…　Ⅱ.①刘…②杨…③崔…　Ⅲ.①海洋工
程—工程设备—水下焊接　Ⅳ.①P755.1

中国版本图书馆 CIP 数据核字(2015)第 218915 号

出版发行	中国海洋大学出版社		
社　　址	青岛市香港东路 23 号	**邮政编码**	266071
出 版 人	杨立敏		
网　　址	http://www.ouc-press.com		
电子信箱	youyuanchun67@163.com		
订购电话	0532—82032573(传真)		
责任编辑	由元春	**电　　话**	0532—85902495
印　　制	日照报业印刷有限公司		
版　　次	2016 年 1 月第 1 版		
印　　次	2016 年 1 月第 1 次印刷		
成品尺寸	185 mm×260 mm		
印　　张	13.25		
字　　数	295 千		
定　　价	38.00 元		

前　言

　　海洋工程是一个主要为海洋科学调查和海洋开发提供一切手段与装备的新兴工程门类，是一个高新技术产业，具有很强的综合性、配套性和知识密集性。海洋工程装备主要指海洋资源(特别是海洋油气资源)勘探、开采、加工、储运、管理、后勤服务等方面的大型工程装备和辅助装备，它是海洋经济发展的前提和基础，处于海洋产业价值链的核心环节，具有高技术、高投入、高产出、高附加值、高风险的特点，是先进制造、信息、新材料等高新技术的综合体，它的产业辐射能力强，大大带动了国民经济的发展。

　　海洋工程结构常年处在环境极其恶劣的海上，除受到结构的工作载荷外，还要受到风暴、潮汐、潮流引起的附加载荷以及海水腐蚀、砂流磨蚀、地震或寒冷地区冰流的侵袭。因此，海洋工程结构在设计制造以及焊接施工等方面都提出了严格的质量要求，但是海洋工程结构在运行及安装过程中难免会遭遇损坏，并且由于其主要工作部分在水下，检查和修补变得很困难，费用也高，一旦发生重大结构损伤或倾覆事故，将造成生命财产的严重损失。因此，要保证海洋工程设备的安全性，就必须考虑海洋工程结构的焊接质量问题，海洋工程焊接技术就变得格外重要。

　　目前，全国已有30多所海洋工程专业学校，一些沿海大学也正在开展海洋工程方面的专业建设，一些海洋工程项目也在不断立项和推进，解决海洋工程装备制造中焊接质量控制问题显得尤为突出，出版和该技术相关教材显得更加紧迫。针对市场技术要求，本书主要介绍海洋工程装备常用焊接工艺方法、水下焊接技术、水下切割技术、水下机器人焊接技术和船舶焊接技术。

　　本书编写人员及其分工如下：浙江大学宁波理工学院刘立君教授负责全书统稿并编写第1和2章；浙江大学宁波理工学院张钊工程师编写第3章；哈尔滨职业技术学院崔元彪博士编写第4和5章；浙江造船有限公司杨祥林高级工程师编写第6章。该书中部分成果来源于国家海洋局海洋可再生能源专项资金项目(NBME2011CL02)、浙江省自然科学基金项目(LY13E090007)、宁波自然基金资助项目(2014A610078)。同时对在编写过程中做出大量资料整理工作的研究生范凤平、齐萌、姜婷婷、于义涛以及参考文献的作者，在此一并致以深切的谢意。

　　由于编者水平有限，疏漏和错误之处在所难免，敬请读者批评指正。

编者
2015 年 5 月

目　录

第1章 绪论

1.1 海洋工程装备发展历程

随着世界能源危机的加剧和未来陆地油气储量的逐渐枯竭,人们把视线转移到海洋资源的开发利用上。海洋又被称为蓝色国土,占地球表面总面积的70%,以其蕴藏的丰富的生物和矿物资源,日益成为世界经济的大舞台。人类的生存和发展也将越来越多地依赖于对海洋资源的开发和利用。但由于人类对于海洋资源的利用远不及对陆地资源的利用,因此一场认识海洋、开发海洋的蓝色革命正席卷全球。

据统计,全球海洋石油蕴藏量约为1 000多亿吨,占全球石油资源总量的30%以上,其中,已探明的储量约为380亿吨。我国是一个海洋大国,综合评估我国海域有350亿~400亿吨油气资源储量。但是我国的海洋油气事业发展相对滞后,尤其在深海油气勘探开发方面。而我国又是世界上人口最多、人均土地资源匮乏的国家,导致我国近年来原油的对外依存度逐年攀高。因此,加快我国海洋石油开发的需求愈发迫切,大力发展海洋石油勘探开发技术,并不断向海洋的深度和广度进军,对我国经济发展和能源安全具有非常重要的战略意义。

开发海洋能源,加强我国海洋工程建设是首要条件。从广义上讲,海洋工程是一个主要为海洋科学调查和海洋开发提供一切手段与装备的新兴工程门类,是一个高新技术产业,具有很强的综合性、配套性和知识密集性。海洋资源开发利用的工程设施和装备研究、开发和实现都属于海洋工程的范畴。海洋资源的开发利用大致分为五类:一是海水以及所含物资资源的提取;二是海洋生物资源的开发利用;三是海底金属、矿物、油气资源的勘探开发;四是海洋能源(波浪能、潮汐能、温差能等)开发;五是海洋空间的开发利用。从狭义上,对于油气资源开发来讲,海洋工程的范畴是为海洋资源开发提供满足使用要求的船舶与海洋结构物,目前主要是指开发利用海洋油气资源的先进海洋工程装备。

海洋工程装备主要指海洋资源(特别是海洋油气资源)勘探、开采、加工、储运、管理、后勤服务等方面的大型工程装备和辅助装备。它是海洋经济发展的前提和基础,处于海洋产业价值链的核心环节,具有高技术、高投入、高产出、高附加值、高风险的特点,是先进制造、信息、新材料等高新技术的综合体。它的产业辐射能力强,大大带动了国民经济的发展。

国际上通常将海洋工程装备分为三大类:海洋油气资源开发装备、其他海洋资源开发装备、海洋浮体结构物。目前海洋工程装备的主体是海洋油气资源开发装备,它包括各类钻井平台、生产平台、浮式生产储油船、卸油船、起重船、铺管船、海底挖沟埋管船、潜水作业船等,如图 1-1 所示。

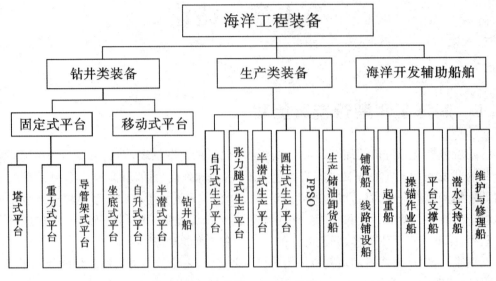

图 1-1　海洋工程装备分类

海洋工程装备技术研究的主要内涵就是针对海洋油气资源开发利用过程中所涉及的海上作业钻井平台(船)、配套工程船舶和其他结构物等进行海洋环境、水动力性能、结构力学、船型开发、船舶设计、造船技术、工程安装等有关基础科学研究和工程技术应用研究。技术研究重点是深水油气资源开发中的海洋工程装备关键技术和支撑技术研究。

(1)国外海洋装备发展历程

人类早期的海洋石油勘探和开发是在近海岸的极浅海中开始的。1897 年在美国加州 Summer Land 海滩的潮汐地带上架设了一座 250 英尺(1 英尺＝0.304 8 m)长的木架,把钻机放在上面打了世界上第一口海上钻井。以后的许多年,随着能源需求和科学技术的不断进步,浅水海区勘探和开采技术的不断成熟,浅水勘探和开采面积的不断缩小,世界各大石油公司纷纷把目光转向深海,人们的勘探步伐从浅海逐步走向深海,作业水深不断加深。由此推动了钻井装备的快速发展,适合深水钻井的钻井船、钻井平台以及相配套的技术和设施也应运而生。

随着科学技术的不断进步,海上钻井技术发展逐渐进入成熟期,海上钻井装置也迎来了建造的黄金周期。与此同时,海上可移动钻井装置的技术性能也得到了突飞猛进的提升,尤其是在钻井能力、工作水深以及可变载荷这三个方面的技术研究都有显著提高。

由于深水勘探开发的需要,其设计、建造、安装技术有了突飞猛进的发展,其工作水深、原油储存能力、天然气处理能力、抗风暴能力,以及总体性能都在向更强、更大的方面迈进。钻井技术、各种作业技术、平台定位技术、油气输送技术、海上工程安装、铺管、布缆、检测、水下电视、潜水作业、通讯等技术研究都在发展进步,从而又促进了海洋石油勘探技术的快速发展。如无隔水管钻井技术、人工浮筒海床技术、海底泥浆举升钻井系统等,已通过试验,有些技术在实际工程中得到了应用。

20 世纪 80 年代以后,海洋油气资源勘探开发发展迅速,沿海国家纷纷进入这个领域,建造了许多种类的钻井平台,主要形式有:固定式钻井平台、坐底式钻井平台、钻井驳船、自升式钻井平台、半潜式钻井平台以及具备自航和动力定位的钻井船。另外,海上开发设施还包括导管架平台、张力腿平台、Spar(单柱式平台)、FPSO(Floating Production Storage and Offloading 浮式生产储油船)。张力腿平台最大的工作水深已达 1 425 m,Spar 为 1 710 m,FPSO 为 1 800 m,水下作业机器人(ROV)超过 3 000 m,采用水下生产技术开发的油气田最大水深为 2 192 m。现在,钻井装置的发展趋势是向更深的海域,适于更恶劣的环境,设计更合理,适用更广泛,技术性能更强,更先进,更安全的方面发展。第 6 代的深海钻井船的工作水深将达到 3 658 m,钻井深度可达到 11 000 m,水下维修深度为 2 000 m,深海铺管长度达到 12 000 km。钻机绞车功率突破 8 000 kW,钻深能力将突破 12 000 m。

(2)我国海洋装备发展历程

经过几十年的发展与进步,我国的海洋工程装备制造业已经初具规模,其发展历程大致可划分为三个阶段。

1)起步阶段:20 世纪 60～90 年代。

我国海洋工程起步相对较晚,20 世纪 60 年代中期,我国才开始进行海洋油气开发,当时尚未开放,所有装备全靠自力更生。1966 年,我国建造了第一座固定平台。随后,在 1972 年和 1974 年分别建立了第一座自升式钻井平台"渤海一号"和第一艘钻井浮船"勘探一号",可在渤海湾 30 m 水深处钻井。进入 80 年代,又相继设计建造了"渤海五号""渤海七号""渤海九号"等自升式钻井平台和"胜利 1 号""胜利 2 号""胜利 3 号"等座底式钻井平台。1984 年,我国自行设计建造的第一座半潜式钻井平台"勘探三号"交付使用,同年 11 月在东海海域成功打了"灵峰一井"。我国自行设计建造的第 1 艘 FPSO 是在 1989 年由中国船舶工业第 708 研究所设计、上海沪东造船厂建造的"渤海友谊"号,采用软刚臂系泊方式,工作水深 23 m。90 年代以后,受国际石油危机和国内外市场需求减少的影响,我国海工装备制造的发展步伐明显放缓,整体技术水平和国外水平也逐渐拉大。

2)发展时期:2000～2005 年。

伴随着经济的快速发展,能源问题成为国内外关注的焦点,海洋工程装备需求快速增长,推动着我国海洋工程装备制造业的发展。有了早期的平台自主设计、制造的经验,我国逐渐在 FPSO 领域取得了很大的进展,建立了一批国际先进的海工产品。国内的 FPSO 生产、制造主要由中国重工旗下的大船重工集团和中国船舶旗下的外高桥造船厂完成,其中尤以大连重工集团为多。在设计方面,中船集团 708 所完成了绝大多数国内建造 FPSO 的设计工作。截止到 2004 年,中国海洋石油总公司共有 FPSO13 艘,最小的是在渤中 2821 油田的"渤海友谊"号,载质量 $5.2×10^4$ t;最大的是在渤中 2521 油田的"海洋石油 113"号,储油量 $17×10^4$ t。我国已成为世界上新建 FPSO 数量最多的国家。

3)多元化发展:2006年至今。

近几年,我国的海洋工程装备制造业进入一个新的阶段。这不仅是由于国内企业可以自主建造新的、具有里程碑意义的产品,而且国内海洋工程制造企业格局发生了新的改变,一批新的海洋工程后起之秀在国内和国际舞台上崭露头角。在国内海洋工程装备竞争格局中,中远船务已经与中船重工同为主要生产企业,而且中集来福士、招商局重工、海油工程等也有了出色的业绩表现。在海洋工程辅助船方面,太平洋造船集团、中船集团和中船重工位列三甲;在设备改装方面,中远船务也和中船集团、中船重工齐头并进。我国海洋工程装备制造业的竞争格局已经出现群雄并起的苗头。

我们尽管在海上石油勘探开发方面积累了一定的经验,但是,在海上边际油田开发技术、深水油气田勘探开发技术、海洋工程施工技术及装备等方面依然面临着严峻的挑战。

1.1.1 全球海洋装备产业的发展概况

从技术层面和产品种类上,世界海洋工程装备制造业分成三个梯队:欧美为第一梯队,它坐拥价值链的顶端,主要进行海洋工程高端设备的开发、设计、工程总包及关键配套设备供货;韩国和新加坡为第二梯队,它们主要进行总装建造;而我国为第三梯队,主要进行制造低端产品。见表1-1。

表1-1 世界海洋工程装备制造业分布情况

梯队	欧美	新加坡、韩国	中国
特点及领域	技术实力雄厚,以高端海工产品为主。 海工装备总包:开发、设计制造、集成,平台安装及海底管线装配。 关键配套系统集成供货	技术实力仅次于欧美,主要承担海洋工程装备总装建设及改装	正在大力进入该领域,在中低端领域具有一定基础,主要承担平台总装建造和改装
主要产品	张力腿、立柱式、半潜式,大型综合性一体化模块及海底隧道。 钻井设备打包供应,动力、电气、控制等关键设备配套供货	新加坡:自升式、半潜式平台及FPSO改装。 韩国:钻井船、新建FPSO	导管架、自升式、半潜式、FPSO平台供应船、铺管船

(1)FPSO

FPSO即浮式生产储卸油装置。FPSO由锚系到海底的大型油轮型驳船构成。FPSO通常与井口平台或海底采油系统组成一个完整的采油、原油处理、储油和卸油系统。其作业原理是:通过海底输油管线接受从其他海上设施的海底油井中收集采出的原油,并在船上应用油气处理设备进行处理、注水或注气,然后储存原油在货油舱内,最后通过尾卸载系统输往穿梭油船。FPSO作为一种浮式生产系统,它集生产处理、储存外输及生活、动力供应于一体,具有高风险、高技术、高附加值、高投入、高回报的综合性海洋工程特点。同时,FPSO建造周期短、装置投资省、迁移方便、可重复使用,能适应的水深条件范围非常广泛,又具有风标效应,被广泛应用于环境条件比较恶劣的海域,尤其适用于海上油气储量有限、地层构造复杂或边远地区中小型边际油气田的开发。图1-2为FPSO作业场景。

图1-2 FPSO作业场景

　　FPSO主要包括系泊系统、船体部分、油生产设备、尾卸载系统等几个部分。系泊系统:这种系统可以有一个或多个锚点,一根或多根立管,一只浮式或固定式浮筒,一座转塔或扼架,主要用于将FPSO系泊于作业油田。船体部分:这部分既可以按特定要求新建,也可以用油船或驳船改装。生产设备:主要是采油设备和储油设备,以及油、气、水分离设备等。尾卸载系统:包括卷缆绞车、软管绞车等,用于连接和固定穿梭油船,并将FP-SO储存的原油卸入穿梭油船。

　　FPSO系泊方式有单点系泊、多点系泊、动力定位系泊。单点系泊系统主要有浮筒式系泊系统、转塔式系泊系统及塔架式系泊系统。浮筒式单点系泊系统是将浮筒锚泊在海上,作为系泊点与具有风标效应的FPSO相连。转塔式单点系泊系统是一种可以集系泊、油气和电力输送为一体的系泊系统,包括外转塔及内转塔两种系泊方式。塔架式单点系泊系统是将固定塔结构固定在海床上,为FPSO提供一个锚点。多点系泊与单点系泊的区别在于,该系统系泊和传输系泊功能不是一个整体,而是各自独立。

　　FPSO还可以与各种类型的钻井开采平台构成海上油田的浮式系统:①FPSO＋固定式平台;②FPSO＋海底采油树;③FPSO＋张力腿平台;④FPSO＋半潜式平台;⑤FPSO＋Spar平台。FPSO能够适合世界各种海域,广泛受到人们的青睐。图1-3为FPSO和TLP(Tension Leg Platform,张力腿平台)构成了海上油田的浮式生产系统。

图 1-3　FPSO 和 TLP 构成海上油田的浮式生产系统

（2）海洋工程作业船

海洋工程作业船是指能独立从事海洋工程作业，为海洋油气勘探开发工程系统提供配套装备工程作业和技术支持服务的工程船舶。主要包括：海洋资源调查船、地球物理勘探船、天然气水合物综合调查船、海洋工程起重船、导管架下水驳、大型半潜运载船、深潜水作业支持船、海洋工程铺管/缆船、海底开沟埋管船、海洋工程综合勘察船、水下工程作业船、海洋工程综合检测船、海上油田运行维护支持船等。随着海洋油气勘探开发迅速发展，为海上工程提供配套装备工程作业和技术支持服务的工程船舶，得到了很大的发展，并逐渐趋向于多样化、复合化和智能化，成为海洋油气勘探开采工程中不可缺少的一个组成部分。特别是近几年来，海洋油气勘探开发从浅海逐步扩展到深海，满足深水作业要求的海洋工程作业船舶已成为当前急需开发研究的项目之一。海洋工程作业船舶船型品种较多，涉及范围较广，其不同船型品种特性、高新技术含量各不相同，船型个性化因素突出。

海洋资源调查船、地球物理勘探船、天然气水合物综合调查船是从事海底油气资源调查、天然气水合物调查、海洋地质调查、海上地球物理勘探、海洋工程地质取芯的工程作业船。海洋工程起重船是从事特大、超大型海洋工程结构物、导管架、生活模块、特种物件等起吊、工程安装的工程作业船。导管架下水驳、大型半潜运载船是从事特大、超大型海洋工程结构物、导管架、生活模块、特种物件等运输、下水、起吊、工程安装的工程作业船。海洋工程铺管/缆船、海底开沟埋管船是从事海洋石油、天然气输送管道的铺设、海底开沟埋管、保障管道安全的工程作业船舶。深潜水作业支持船、水下工程作业船是从事海洋工程的水下工程作业、饱和深潜水支持、大型结构物安装、脐带缆/电缆/软管铺设、FPSO 锚系处理的工程作业船舶。海洋工程综合勘察船、海洋工程综合检测船是从事模拟工程物探调查、海洋工程环境调查、工程地质钻孔、海底表层采样的工程作业船舶。海上油田运行维护支持船是从事海上油气田生产设施与装备的大型维修、改造、搬迁、抢修等运行维护、维修保障作业支持的特种工程作业船舶。图1-4为抓斗船作业场景。

图1-4 抓斗船作业场景

(3)海洋工程辅助船舶

海洋工程辅助船舶是指为海洋油气勘探开采工程装备提供配套服务的辅助工程船舶,主要包括:三用工作船、平台供应船、油田守护船、海工远洋拖船、破冰工作船、油田消防船、浮油回收船、多功能营救船、油田交通船等。随着海洋油气勘探开发迅速发展,为海上工程装备提供配套服务的辅助工程船舶,同样得到了较大的发展,成为海洋油气勘探开采工程中不可缺少的一个组成部分。特别是近几年来,海洋油气勘探开发从浅海逐步扩展到深海,海洋工程辅助船舶同样要适应海洋工程的深水作业要求,已成为当前急需开发研究的项目之一。海洋工程辅助船舶船型品种也较多,涉及范围较广,其不同船型品种高新技术含量各不相同。图1-5、图1-6分别为世界顶级深水三用工作船"海洋石油681"和6000HP平台守护船。

海洋工程辅助船舶是在海洋油气勘探开采工程中,为海洋工程装备工程作业提供多种配套服务,船舶主要用于:拖曳海上石油平台、深水石油平台、大型起重船、大型下水驳船、FPSO、工程作业船舶和海洋结构物,是大型海洋工程装备、大型海洋工程结构物移动远洋拖航的主拖船;它们具有较强的抛起锚作业能力,能进行深水抛起锚作业,提供快速高效的抛起锚作业服务,能为海上石油和天然气勘探、开采工程作业运送和供应多种作业设备和器材、甲板物资、油水和材料。如甲板货供应(钻井物资和材料、钻井钢管、集装箱、平台生活用品)、液货供应(钻井淡水、钻井泥浆、钻井盐水、淡水、燃油)、散料供应(散装水泥、重晶石、土粉)等。它们具有一/二级对外消防灭火作业能力及一/二级动力定位能力;能进行海面浮油回收和海面消除油污作业;船舶能低速巡航于海上作业船舶、石油平台附近,随时随地听候调遣,进行守护值班和营救作业,能搭载获救人员 100～200 人;能提供对外供电服务;能对储油轮及到达的提油轮进行拖带、顶推和捞取油管,协助油轮提油作业。破冰型海洋工程辅助船还能在寒冷结冰的恶劣环境条件下进行破冰作业和为海洋工程提供多种特种作业服务。

海上石油开发关系到国民经济发展的大局,我国海洋石油和天然气勘探、开采水平与国际水平相比仍有一定差距,发展我国海上石油和天然气勘探、开采事业,研发各类高新技术、高性能水平的海上石油和天然气勘探、开采工程所需的海洋工程辅助船舶,是发展和提高我国海上石油开采水平综合能力的一项关键性工作。

图 1-5　世界顶级深水三用工作船"海洋石油 681"

图 1-6　6000HP 平台守护船

(4)动力定位系统

动力定位系统是一种闭式的循环控制系统,由传感器系统、控制器和推进器系统组成。其功能不需要借助锚泊系统等装置,通过传感器不断的自动校对船舶或者移动式平台的位置,检测出位置的偏移量,再根据外界扰动力的影响计算出所需的力和力矩,并对安装于船舶或平台上的各种推力器进行推力分配计算,发出指令,使各推力器产生相应推力,从而使船舶或者平台不断纠正偏移状态,定位于所要求的位置。

动力定位系统是海洋工程装备技术研究中的主要支撑技术研究之一。动力定位系统是进行深水海洋油气勘探开采,从事海底工程作业、水下打捞、海洋资源调查、海洋工程起重、海洋工程管缆铺设、深潜水作业支持、水下工程作业、海洋工程综合检测等海上作业不可或缺的手段。

我国对动力定位系统研究较晚,主要是进行了部分理论研究和部分实船应用。哈尔滨工程大学很早就开始研究船舶动力定位技术,进行了深潜救生艇六自由度动力定位系统的研制以及实船动力定位系统的加装应用研究,取得较好的效果。上海交通大学海洋工程国家重点实验室从 1998 年起,把动力定位系统研制列为实验室主要研究方向之一,进行了较多的动力定位理论研究和试验研究工作。完成了基于多种控制下的动力定位系统设计、仿真及实验室原理样机的实现;完成了基于波浪二阶力外干扰的新型动力定位系统数值仿真及模型试验;完成了基于风、浪外干扰的动力定位系统理论模拟和模型试验工作。

如图 1-7 所示,海洋中的船舶因不可避免地受到风、波浪与水流产生的力的影响,船舶在这些环境外力的干扰作用下,将产生六个自由度(纵荡、横荡、升沉、纵摇、横摇、艏摇)运动;而对于定位船舶而言,需要控制的只是水平面内的三个运动,即纵荡(Surge)、横荡(Sway)和艏摇(Yaw)运动。

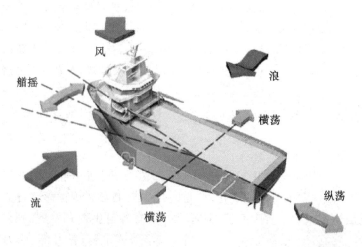

图 1-7　船舶在环境外力作用下产生六个自由度运动示意图

(5)深水锚系泊系统

众所周知,海洋环境十分恶劣,而随着水深的不断增加,这种环境的恶劣程度将更趋剧烈。深水一般是指水深在 500～1 500 m 之间的水域,1 500 m 以上为超深水。我国南海油气资源勘探开发的海域水深在 500～2 000 m,最大水深在 3 000 m 以上,平均水深在1 200 m 以上。常规水深的海上定位,最普遍的是锚系泊系统,这种定位方式具有结构简单、可靠、经济性好等优点,广泛应用于工程船舶、半潜式钻井平台等。在深海油气勘探开发中,深水锚系泊系统是海洋工程装备技术研究中的主要支撑技术研究之一。深水及超深水锚系泊系统主要有柔性和刚性两种锚系泊形式,柔性锚系泊形式为悬链线系泊系统(SMS),刚性锚系泊形式为张紧式系泊系统(TMS)。

悬链线系泊系统即为传统展开式锚泊系统,定位的复位力是靠锚泊缆的重量产生,它与锚缆的淹没重量、水平锚泊载荷、锚泊线张力、导向孔处锚泊线的角度等因素有关。张紧式系泊系统定位的复位力量是靠锚泊缆的轴向弹性产生,即分别用锚泊线的垂向悬链线效应或锚泊线伸长的弹性效应引起的恢复力,使作用在浮体水平面内的外力传递到海床上,使平台或海洋结构物保持在允许的位移范围内,如图 1-8 所示。

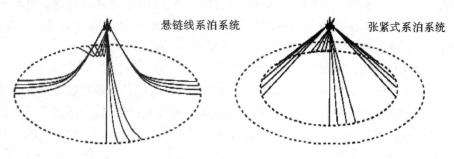

图 1-8　悬链线系泊系统和张紧式系泊系统

在作业水深 1 000 m 以内的锚系泊系统的布置中,最常见的主要是使用锚链加置入钢缆的悬链线系泊方式,也可采用锚链加置入纤维缆索的悬垂线系泊或张紧式系泊方式,拖入式埋置锚得到了广泛选择。在超过 1 000 m 以上作业水深的锚系泊系统的布置中,通过置入合成纤维缆索来减轻系泊线的质量,除了悬链线系泊方式外,更多选择方案是采用张紧式系泊方式,系泊线以大角度(45°以上)进入海底,系泊锚主要有垂直负载锚(VLA)、吸力锚、动态重力穿刺锚。在作业水深 1 500 m 以上的超深水水域,主要采用锚链加置入纤维缆索作为系泊线,建立张紧式系泊系统,常采用垂直负载锚、吸力锚、动态重力穿刺锚等。

(6)海洋钻井平台

海洋钻井平台经历了一个比较漫长的发展过程,期间钻井平台无论在形式上、数量上,还是在性能方面均发生了巨大变化,这是时代发展的必然规律。对各类平台而言,每种钻井平台的诞生都代表了各个时代的特征,并具有各自生存和发展的必然性。目前在用的钻井平台主要有:坐底式平台、自升式平台、半潜式平台、钻井船、张力腿式平台、牵索塔式平台等,具体在 1.2 节海洋工程平台发展现状中作详述。

1.1.2 我国海洋工程装备制造业的现状

(1)近年来在全球市场的地位逐渐提升

据统计,2010 年中国完工交付生产平台、钻井平台 4 座,各类海洋工程辅助船 50 艘,其中 26 艘平台供应船、24 艘工作拖船;新承接钻井平台 12 座,深水钻井船、CSS 型钻井船各 1 艘,各类海洋工程辅助船 85 艘,占全球海洋工程装备市场 15% 的份额。截至 2010 年年底,中国手持钻井平台订单 24 座,钻井船 5 艘,各类海洋工程辅助船 158 艘。仅位于新加坡之后,相对而言,中国企业的订单主要是 FPSO 改造,而韩国和新加坡则有较多新建订单。

(2)技术水平和制造能力快速提升

技术水平和制造能力快速提升,已经能够建造多项具备国际领先水平的海洋工程产品。在钻井平台领域,2011 年 5 月,中国首座自主设计、代表当今世界 3 000 m 深水半潜式钻井平台最高水平的第六代半潜式钻井平台"海洋石油 981"已经顺利交付使用,该平台具有勘探、钻井、完井与修井作业等多种功能,最大作业水深 3 000 m,钻井深度 10 000 m,平台总造价近 60 亿元;在钻井船领域,中远船务于 2010 年 8 月开始建造世界上目前在建的最大超深水钻井船"大连开拓者"号,该船可以在水深 3 050 m 海域进行钻井作业,钻井深度 12 000 m,可储油 100 万桶。

(3)初步构筑较全面的海洋工程装备产业链

中国企业已经全面涉足从上游的海洋工程产品设计、配套设备制造到下游的海洋工程总包建造的整个产业链,尽管如此,在设计和核心配套装备领域,中国海洋工程装备制造企业仍主要依赖国外企业,海洋工程装备设计基本由欧美企业所垄断。目前,世界著名海洋工程装备设计企业主要是欧美企业和个别日本企业,比如美国 F&G 公司、日本 MODEC 公司、挪威 Aker Kvaemer、意大利 Ssipem 等。由于海洋工程装备对安全性、可靠性要求极高,因此对部件的要求也很高,海洋工程装备配套设备 70% 以上需要进口,而关键设备对外依存度甚至超过 95%,设计和关键设备依赖进口导致建造项目管理协调难度大、生产周期长、成本更高、售后服务响应速度慢,影响中国企业的国际竞争力。

1.1.3　提高我国海洋工程装备制造业竞争力的对策

（1）基础技术和建造经验不足

我国海洋工程装备制造业与世界发达国家的发展水平差距较大,仍处于该行业的第三阵营,设计开发能力与国外差距较大,目前仅能自主设计部分浅海海洋工程装备,基本未涉足高端、新型装备设计建造领域,更不具备其核心技术研发能力。而深水海洋工程装备的前端设计还是空白,专业设计机构少、专业设计人员少。此外,国内大多数船企未涉足过海洋工程市场,缺乏海洋工程建造和管理等相关经验,一定程度上制约了我国海洋工程装备制造业的快速发展。

（2）自主创新能力不强、国外技术封锁

海洋工程产品具有高技术特点,而国内海洋工程企业缺乏技术及相关科研人才支持,自主创新能力不强,基本是参照或直接引进国外技术,承接海洋工程产品订单,产品技术含量低。同时,海洋平台的各类功能模块以及各类配套设备规格品种多,对技术性能、材料、精度、可靠性、寿命及环境适应性的要求十分严格,专利技术多、附加值高的高端配套设备多被国外供应商所垄断,面临国外技术封锁的严峻事实,核心技术受制于人,发展过程中存在的问题不容忽视。

（3）国内企业竞争领域重叠,初现结构性产能过剩隐忧

近年来,国内很多大型船舶企业纷纷借助海洋工程装备转型,努力扩大海洋工程装备基地建设,造船业鼎盛时期一拥而上的局面再度显现。然而,受技术、人才及配套支持限制,国内海洋工程产品竞争领域重叠严重,竞争主要集中在浅水和低端深水装备领域,高端海洋工程装备设计建造基本空白,更不具备核心技术研发能力,海洋工程企业扎堆于价值链的低端。

（4）海洋工程装备配套产业发展严重滞后

目前,由于海洋工程配套设备技术要求高、研制难度大,我国的配套设备生产能力较弱,大部分海洋工程装备的配套设备依赖进口,自配套率不足 30%,尤其在核心配套领域,我国的自配套率低于 5%。配套设备是海洋工程装备价值链中的关键环节,占比高达 55%,而关键技术基本由欧美企业垄断,我国只在低端配套产品上占有一定份额。如果我国海洋工程配套业不能实现与海洋工程装备制造业的同步发展,中国海洋工程企业将被牢牢钉在海洋工程产业链的低端,这也是中国企业进军海洋工程市场的最大隐患。

发展海洋工程装备制造业是开发利用海洋资源的必要条件,也是维护我国经济安全、能源安全的战略性选择。尽管我国海洋工程装备已初具规模,然而产业发展仍存在很多问题和薄弱环节。提高我国海洋工程装备制造业的竞争力,既是维护我国海洋权益、能源安全、打破技术封锁的先决条件,也是实现经济可持续发展和海洋强国目标的必然要求。

因此,我们需要做到:

- 加强基础科学和应用技术研究,推动我国海洋工程装备制造的技术升级。
- 加强海洋工程装备制造业产业链上下游的合作。
- 重视研发生产海洋工程装备的各类配套产品。
- 加强区域统筹规划,避免低质重复竞争。

1.2 海洋工程平台发展现状

海洋工程平台是为在海上进行钻井、采油、集运、观测、导航、施工等活动提供生产和生活设施的构筑物。

随着陆地油气资源开采力度日渐加大以及油气储量的不断减少,人们逐渐把眼光聚焦在占全球资源总量34%的海洋油气资源上,于是,引发了新一轮的油气勘探开发热潮。海洋工程平台作为海上油气勘探开发的重要装备之一,目前已在世界范围内受到普遍关注。海洋工程平台技术在近十几年中突飞猛进,人们已经不再满足于过去传统的平台装备技术和钻探方式,而是逐渐将目光从浅海移向深海、由浅油气层转向深油气层、由简单地质层转向复杂地质层等,从而使得海洋钻井平台装备也随之由过去比较单一的固定式、自升式等装备发展到技术先进、控制性好、钻探能力强、适应范围广的钻探船、半潜式平台等勘探开发装备上来,并已成为当前和今后一段时间内世界海洋油气勘探开发的必然趋势。

1.2.1 海洋工程平台发展概况

自从1887年世界上最早的海上石油勘探开发工作出现以来,直到20世纪40年代末期,海上石油工程才开始有了新的进展。当时,世界范围内能够从事海上石油开发工作的只有3个国家,并且所用的平台都是固定式平台,结构和钻井方式均比较简单,平台也只有几十米的适应水深能力。但随着海洋工程装备技术的不断进步及石油本身带给人类的巨大利益,致使海洋油气资源的勘探开发格局发生了巨大变化。目前,海洋勘探开发水平最高的是以美国、挪威为代表的西方发达国家,他们的钻井装备能力、控制技术及适应性都达到了很高的层次,为海洋油气勘探开发提供了良好保障。据统计,目前世界上移动式钻井平台数量已接近700台,最大适应水深能力已超过3 000 m,钻井深度已超过12 000 m。不仅如此,世界范围内具备从事海洋勘探开发能力的国家和海洋油气开采量也发生了巨大变化,目前全球范围内能够从事海洋勘探开发的国家和地区已达到100多个,所开发的油气产量已占全球总油气产量的35%左右,其发展速度非常迅猛。

相比较,我国受自身工业基础的限制,海洋油气勘探开发起步相对较晚。我国海洋油气勘探工作起源于20世纪60年代,截至2005年,我国共有移动式钻采平台46座,海洋采油平台19座。但随着前几年石油价格的一路攀升及我国对海洋钻探工作力度的迅速加大,2006年以来,我国在海洋平台建造方面的发展速度有了惊人变化,短短几年内,国内建造的平台数量以自升式为主,并得到了快速增加,增加数量在30台左右,这为今后我国能够更好地从事海上作业打下了良好基础。

1.2.2 海洋工程平台分类

海洋工程平台是在海洋上进行作业的场所,是海洋石油钻探与生产所需的平台。海洋平台从功能上分有钻井平台、生产平台、生活服务平台、储油平台等,其中海洋石油钻探和生产主要是钻井平台和生产平台。钻井平台工作目的主要是了解海底地质构造及矿物储藏情况;生产平台则是专门从事海上油、气等生产性的开采、处理、贮藏、监控、测量等作业。

从结构上,海洋工程平台又可分为移动平台和固定式平台两大类。

移动式平台:坐底式平台、自升式平台、半潜式平台、钻井船、张力腿式平台、牵索塔式平台、Spar 平台。

固定式平台:导管架式平台、混凝土重力式平台、深水顺应塔式平台。

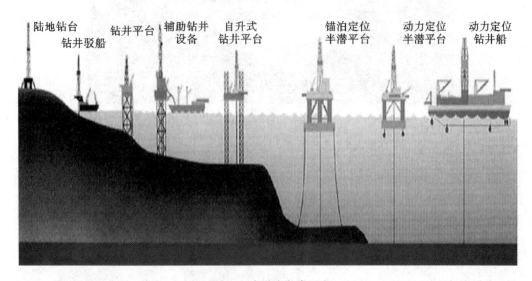

陆地钻台　钻井平台　辅助钻井　自升式　　锚泊定位　动力定位　动力定位
钻井驳船　　　　　设备　　钻井平台　　半潜平台　半潜平台　钻井船

图 1-9　海洋中各类平台

(1)坐底式钻井平台

坐底式钻井平台通常由沉浮箱、工作平台及中间支撑等部件组成。平台有两个船体,上船体又叫工作甲板,安置生活舱室和设备,通过尾部开口借助悬臂结构钻井;下部是沉垫,其主要功能是压载以及海底支撑作用,用作钻井的基础。两个船体间由支撑结构相连,这种钻井装置在到达作业地点后往沉垫内注水,使其着底。这类平台最大的优点是完井后可以用拖船运输到其他需要钻井的场所,可移动性能良好,钻井时平台底面放在海床面上,基本不受海洋环境的影响,钻井稳定性较好。但其不足有两点:一方面受平台本身工作高度的限制,适应水深能力较差。目前在用的平台最多也只能在 30 m 以内的水深范围内工作,若要提高水深适应能力其制造成本会增加很多,经济性不好。另一方面该类平台对海底地基要求较高,受到海底基础(平坦及坚实程度)的制约,所以这种平台发展缓慢。然而我国渤海沿岸的浅海海域,潮差大而海底坡度小,对于开发这类浅海区域的石油资源,如胜利油田、大港油田和辽河油田等向海中延伸坐底式平台仍有较大的发展前途。20世纪80年代初,人们开始注意北极海域的石油开发,设计、建造极区坐底式平台也引起海洋工程界的兴趣。目前已有几座坐底式平台用于极区,它可压载坐于海底,然后在平台中央填砂石以防止平台滑移,完成钻井后可排出压载起浮,并移至另一井位。

图1-10 坐底式钻井平台

(2)自升式钻井平台

自升式钻井平台又称甲板升降式或桩腿式平台,这种平台一般由平台本体、升降装置和桩腿等主要部件组成,平台能沿着桩腿升降,一般没有自航能力。整个平台设计为一个整体,工作时桩腿下放插入海底,平台被抬起到离开海面的安全工作高度,并对桩腿进行预压,以保证平台遇到风暴时桩腿不致下陷。完井后平台降到海面,拔出桩腿并全部提起,整个平台便浮于海面,再由拖轮拖到新的井位。这类平台以其升降灵活、移动方便、适应海底土壤条件和水深范围广、便于建造等优点而得到了广泛应用;但是它拖航困难,平台定位操作比较复杂,同时难以适应更深海域的工作要求。据统计,当前世界上共有自升式平台约400座,占海洋平台总量的

图1-11 自升式钻井平台

40%以上,其中作业水深大于120 m的有20多座,最大适应水深能力已达到168 m。我国现有自升式平台17座,其中作业水深大于90 m的有4座。

（3）半潜式钻井、生产平台

半潜式平台由坐底式平台发展而来，上部为工作甲板，下部为两个下船体，用支撑立柱连接。工作时下船体潜入水中，甲板处于水上安全高度，水线面积小，波浪影响小，稳定性好、自持力强、工作水深大。自 1961 年第 1 座半潜式钻井平台诞生以来，目前这类平台已发展到第 6 代，从适应水深能力来说，从第 1 代开始到当前的第 6 代平台，其适用水深工作范围分别为 100 m、300 m、500 m、1 500 m、2 300 m、3 000 m，钻井深度也经历了一个由浅到深的过程，目前钻井深度已超过 12 000 m，从船体结构、承载能力和自动化程度来说，半潜式平台经历了一个由低向高的发展历程，如平台定位已由过去传统的锚泊定位发展到推进器辅助定位，

图 1-12 半潜式钻井生产平台

直到目前性能先进的 DP3 动力定位，钻井工艺由单井口发展到双井口，钻井工具由过去比较简单的以手工操作为主发展到全自动化操作等。半潜式平台最大的优点是稳定性好、移动灵活，能够在非常广阔的海域工作；其不足是造价高，自航速度相对较低。资料显示，在全球现有的钻井平台中，半潜式平台的数量大约占到了 1/6，其中水深超过 3 000 m、钻井能力达到 10 000 m 的钻井平台有 15 座，发展速度很快。

（4）钻井船

钻井船是浮船式钻井平台，它通常是在机动船或驳船上布置钻井设备，平台是靠锚泊或动力定位系统定位。按其推进能力，分为自航式、非自航式；按船型分，有端部钻井、舷侧钻井、船中钻井和双体船钻井；按定位分，有一般锚泊式、中央转盘锚泊式和动力定位式。与半潜式平台相比，它除具有半潜式的许多优点外，在造价、航行速度等方面也具有优势，并且可以用现有的船只进行改装，能以最快的速度投入使用。但钻井船夹板使用面积小，

图 1-13 钻井船

工作易受海洋环境因素的影响和限制，对风浪等敏感性极强、整体稳性差、被迫停工率高，因此导致钻井船发展速度相对较慢。

（5）张力腿式钻井、生产平台

张力腿式平台（TLP）是利用绷紧状态下的锚索产生的拉力与平台的剩余浮力相平衡的钻井平台或生产平台。一般来说，半潜式平台的锚泊定位系统，都是利用锚索的悬垂曲线的位能变化来吸收平台在波浪中动能的变化。而张力腿平台所用锚索绷紧成直线，钢索的下端与水底不是相切的，而是几乎垂直的。张力腿式平台的重力小于浮力，所相差的力量可依靠锚索向下的拉力来补偿，而且此拉力应大于由波浪产生的力，使锚索上经常有向下的拉力，起着绷紧平台的作用。

图 1-14　张力腿钻井、生产平台

张力腿平台在工作时，采油井位于平台本体的中部，可以支持采油干树系统，生产力管通过采油井，上与生产设备相接，下与海底油井相接。根据油气处理和外输方式的不同，张力腿平台可以与不同的海工设施进行组合。

1）TLP＋外输管线：TLP 本身不具有储油能力，因此生产出来的油气要马上外输，距离海岸或者海底管网较近的情况下，可以直接利用外输管线将油气送往岸上设施，这也是 TLP 比较常用的开发模式。

2）TLP＋浮式卸油终端 FSU：在 TLP 附近配置一条 FSU 专门用于存储油气，然后通过穿梭油轮将油气外运。

3）TLP＋FPSO：此种开发方式钻井及动力设施安装在 TLP 上，储油和处理系统配置在 FPSO 上，由于 FPSO 本身具有油气开发生产能力，因此，这种方式适合大型油气田的开发。

（6）牵索塔式平台

牵索塔式钻井平台得名于它支撑平台的结构如一桁架式的塔，该塔用对称布置的缆索将塔保持正浮状态，在平台上可进行通常的钻井与生产作业。原油一般是通过管线运输，在深水中可用近海装油设施进行输送。牵索塔式平台比导管架式平台、重力式平台更适合于深水海域作业，它的应用范围在 200～650 米。

图 1-15　牵索塔式钻井平台

（7）Spar 平台

Spar 平台（深水浮筒平台）属于顺应式平台的范畴，被广泛应用于人类开发深海的事业中，担负着钻探、生产、海上原油处理、石油储藏和装卸等各种工作，成为当今世界深海石油开采的有力工具。SPAR 的理念源自于浮标，实际上它结构的大部分都是浮筒。主体是单圆柱结构，垂直悬浮于水中，特别适宜于深水作业，在深水环境中运动稳定、安全性良好。又采用了缆索系泊系统固定，使得 SPAR 平台灵活性很高，十分便于拖航和安装，并

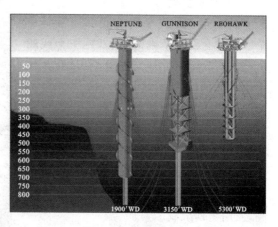

图 1-16 Spar 平台

且其造价不会随水深增加而急剧提高，具有很好的经济性。主体可分为几个部分，有的部分为全封闭式结构，有的部分为开放式结构，但各部分的横截面都具有相同的直径。由于主体吃水很深，平台的垂荡和纵荡运动幅度很小，使得 SPAR 平台能够安装刚性的垂直立管系统，承担钻探、生产和油气输出工作。

（8）导管架式平台

导管架型平台是在软土地基上应用较多的一种桩基平台，是先在陆上用钢管焊成一个锥台形空间框架，然后驳运或浮运至海上现场，就位后将钢桩从导管内打入海底，再在顶部安装甲板而成。导管架式钻井平台根据所采用的建筑材料不同，分为木桩、钢筋混凝土桩、钢桩和铝质桩几种。

自 20 世纪 40 年代美国

图 1-17 导管架型平台

安装使用了世界上第一座钢质导管架式平台以来，这种结构已经成为中浅海海洋平台的主要结构。随着海洋石油开发的迅速发展，导管架式海洋平台被广泛用于海上油田开发、海上观光以及海洋科学观测等方面。迄今为止，世界上建成的大、中型导管架式海洋平台约有 2 000 余座。工作水深已达到四五百米。

导管架式平台技术成熟、可靠，在浅海和中深海区使用较为经济，海上作业平稳安全，具有适应性强、安全可靠、结构简单、造价低等优点。但它随着水深的增加费用显著增加，海上安装工作量大以及制造和安装周期长，所以制约着其向深水的发展。

(9)混凝土重力式平台

混凝土重力式平台的底部通常是一个巨大的混凝土基础(沉箱),用三个或四个空心的混凝土立柱支撑着甲板结构,在平台底部的巨大基础上被分隔为许多圆筒形的贮油舱和压载舱,这种平台的重量可达数十万吨,正是依靠自身的巨大重量,平台直接置于海底,现在已有大约20座混凝土重力式平台用于北海。不过由于混凝土平台自重很大,对地基要求很高,使用受到限制。

图 1-18　混凝土重力式平台

1.2.3　我国主要新建海洋工程平台

近年来,我国海洋工程平台发展势头非常迅猛,我国在建造平台、船体吨位总量方面仅次于韩国,居世界第 2 位,并开始在世界海洋油气装备发展格局中开始占据重要位置,但在自行设计建造用于平台、船上的主机、特别是浮式钻井专用设备方面还有所欠缺,这就需要国内海洋装备企业瞄准世界顶尖水平更加努力。一方面,国内三大石油公司均制定了比较宏伟的海洋发展战略,另一方面,国内各大造船企业、石油装备企业也开始重视海洋石油市场开发,从而使国内的海洋油气勘探开发开始呈现出新的局面。当前,我国除正在加紧建设多座固定式、自升式平台之外,国内造船公司已经开始承担国内外多座具有较高水平的钻井平台及勘探船项目。下面对几个主要项目做简要介绍。

(1)中海油 3 号坐底式钻井平台

图 1-19　中海油 3 号坐底式钻井平台

　　中海油 3 号坐底式钻井平台由中国石油海洋公司与上海七 O 八所联合研制,于 2008 年 6 月在我国山海关造船厂建成后运抵冀东南堡油田。该钻井平台长 7 814 m,宽 41 m,上甲板高 2 019 m,空船总质量 5 888 t,适合 10 m 以内水深的海上作业环境,是目前全球最大的坐底式钻井平台。该平台的投入使用将大大提高我国滩海地区的石油勘探开发能力。

　　(2)海洋石油 981 号半潜式钻井平台

图 1-20　海洋石油 981 号半潜式钻井平台

　　海洋石油 981 号半潜式钻井平台是由中海油总体负责,新加坡 Friede Goldman 公司和上海七 O 八所共同承担设计的一座海洋深水钻井平台项目,属于当今最先进的第 6 代深水半潜式钻井平台。平台设计技术能力能够抵御 200 年一遇的台风,定位系统选用大功率推进器和 DP3 动力定位,并能够在 1 500 m 水深内使用锚泊定位,甲板最大可变载荷达 9 000 t,设计使用寿命 30 年。平台主要设计参数:工作水深 3 050 m,钻井深度 10 000 m,平台设计质量 30 670 t,长度为 114 m,宽度为 79 m,从船底到钻井塔顶高度 130 m,电缆总长度 650 km。该平台的建造代表了当今世界海洋石油钻井平台技术的最高水平,其性能先进,具有勘探、钻井、完井与修井作业等多种功能。同时,它也成为我国首座自行设计建造并拥有自主知识产权的超深水半潜式钻井平台。

　　(3)"SEVAN DRILLER0"海洋钻探储油平台

　　"SEVAN DRILLER0"海洋钻探储油平台是由我国中远船务集团所属的南通中远船

务工程有限公司为挪威 SEVAN MARINE（塞旺海事）公司建造的一座第 6 代半潜式平台。该平台已于 2009 年 6 月 28 日正式建造完成，造价 6 亿美元，是当今世界上最先进的首座圆筒形超深水海洋钻探储油平台。据新华网报道，该平台设计水深 3 810 m，钻井深度 12 200 m，平台通过 8 台推进器进行定位，并配置全球最先进的 DP3 动力定位系统和系泊系统，可以适应英国北海−20℃的恶劣海况，平台设计总高 135 m，圆柱直径 84 m，平台甲板可变载荷 15 000 t，拥有 23 185 万 m³（15 万桶）的原油存储能力，属于当今世界海洋石油钻探平台中技术水平最高、作业能力最强的高端产品。

（4）3 000 m 水深海洋勘察船

3 000 m 水深海洋勘察船是中海油服为满足国内海洋深水地质勘察工作需要而开发的工程项目，由挪威维克公司负责船体设计，广州造船厂将负责建造，钻井系统及水下基盘等辅助设备由北京宝石 MH 公司牵头，具体设计

图 1-21　"SEVAN DRILLER0"海洋钻探储油平台

制造由宝鸡石油机械有限责任公司负责。主要技术参数为：船体总长 105 m，垂线间长 9 319 m，型宽 2 314 m，型深 916 m，船体定位采用 DP2 动力定位装置，钻机采用直径 127 mm 钻杆作业，在作业水深 3 000 m 时地层钻深 200 m，在 1 500 m 水深时地层钻深 600 m。该勘察船的成功建造将标志着我国在深海石油勘探技术方面有了新的突破。

1.2.4　海洋工程平台发展趋势

随着现代工业和高科技技术的发展，越来越多的国家认识到石油对经济发展乃至综合国力的重要性，预计海洋钻井平台将会朝着以下几个方面发展。

（1）海洋工程平台长期被少数国家垄断的局面将逐渐被打破

在海洋工程平台技术发展过程中，美国、挪威等西方发达国家由于起步早已积累了一定经验，尤其在海洋深水技术开发方面一直处于领先和垄断地位，但随着近几年世界多个国家涉足海洋勘探开发领域，尤其是我国、巴西、韩国、日本等国家的崛起，今后海洋装备技术将呈现出多渠道、多国化，百花齐放的发展局面。

(2)海洋工程平台将向高可靠性、自动化方向发展

由于海洋工程平台的作业环境比较恶劣以及为了满足海上安全与技术规范条款要求等,石油装备的高可靠性就成为保证海洋油气能否顺利开发的先决条件。同时,为了提高平台作业效率,降低劳动强度及减小手工操作的误差率,海洋装备的自动化、智能化控制技术已得到较好的应用。

(3)海洋工程平台向多功能化方向发展趋势明显

20世纪90年代后期,部分工程平台开始向多功能化方向发展。新型的多功能海洋平台不仅具有钻井功能,同时还具备修井、采油、生活和动力等多种功能。比如多功能半潜式钻井平台不仅可用作钻井平台,也可用作生产平台、起重平台、铺管平台、生活平台以及海上科研基地,甚至可用作导弹发射平台等,适用范围越来越广。

(4)海洋工程平台向深水领域发展必将成为新的发展方向

世界主要海洋装备制造强国均已开始研究并制造大型化的海洋油气开发装备,作业水深已由早先的10~25 m发展到当今的3 000 m以上,海洋油气开发装备的最大钻井深度可达12 000 m。目前,第5代、第6代超深水半潜式平台已成为发展潮流。根据美国权威机构统计分析,2001~2007年全世界投入的海洋油气开发项目为434个,其中水深大于500 m的深水项目占48%,水深大于1 200 m的超深水项目达到22%,各大石油公司在深海领域的投资有不断增加的趋势,海洋钻井平台正不断向深水领域发展。

1.3 海洋工程焊接技术研究现状

海洋工程结构常年在环境极其恶劣的海上工作,除受到结构的工作载荷外,还要受到风暴、潮汐、潮流引起的附加载荷以及海水腐蚀、砂流磨蚀、地震或寒冷地区冰流的侵袭。因此,海洋工程结构在设计制造等方面以及焊接施工等方面都提出了严格的质量要求,但是海洋工程结构在运行及安装过程中难免会遭遇损坏,并且其主要工作部分在水下,检查和修补将变得很困难,费用也高,一旦发生重大结构损伤或倾覆事故,将造成生命财产的严重损失。因此,要保证海洋工程设备的安全性,就必须考虑海洋工程结构的焊接质量问题,海洋工程焊接技术就变得格外重要。

1.3.1 海洋工程用钢及焊接材料

在国际上,海洋工程通常分为三类:海洋油气资源的开发、其他海洋资源的开发、海洋附体结构物。在国内海洋工程主要是指用于海洋资源勘探、开采、加工、储运、管理以及后勤等方面的大型工程装备和辅助装备。包括各类钻井平台、生产平台、浮士生产储油船等。

由于海洋工程类别不同,其结构形式、工作环境也不尽相同,因此不同的海洋工程类别所用的钢材也存在一定差异,表1-2列出了主要海洋工程所用的钢板类别。

表 1-2 海洋工程用钢的分类

海洋工程类别①	钢材最小屈服强度/MPa	钢材牌号②	海洋工程类别
所有海洋工程	235	A、B、D、E	所有海洋工程
	315	AH32、DH32、EH32、FH32	
	355	AH36、DH36、EH36、FH36	
钻井船 FSO、FPSO 半潜式钻 井平台 固定式钻 井平台	390	AH40、DH40、EH40、FH40	—
	420	AQ43、DQ43、EQ43、FQ43	
	460	AQ47、DQ47、EQ47、FQ47	—
	500	AQ51、DQ51、EQ51、FQ51	自升式钻井平台
	550	AQ56、DQ56、EQ56、FQ56	
—	620	AQ63、DQ63、EQ63、FQ63	
—	690	AQ70、DQ70、EQ70、FQ70	

注:①对于特殊的海洋工程可能覆盖更多的材料级别。

②由于船级社不同,所以钢材牌号表示方法存在一定差异,表中以 ABS 船级社为例。

(1)海洋工程用钢特点

1)强度高。海洋工程作业区域的气象、海象条件很严酷,结构又不断大型化,为了减轻海洋工程结构的重量,同时又增加结构整体的安全性,大量高强钢、超高强钢被用于海洋工程的建造中。对半潜式钻井平台,为了减少浸水部分的容积气压,沉箱和支架等使用抗拉强度为 500 MPa 的超高强钢;对自升式钻井平台、风车安装船等海洋工程的桩腿结构,已经使用最小屈服强度为 690 MPa 的超高强钢。现在一些设计公司在一些特殊结构上正在考虑使用最小屈服强度为 980 MPa、甚至 1 100 MPa 的超高强钢。

2)良好的低温韧性。在能源危机和技术进步的刺激下,近海石油勘探与开发飞速发展,开发地也不局限于气候温和的地区,开始向极冷的北极海、北阿拉斯加海域等寒冷地带推进,因此良好的低温韧性对海洋工程用钢来说显得尤为重要。很多钢厂通过细化晶粒、添加微量元素等手段提高低温韧性,降低低温转变温度。例如 Dillingerhutte 开发的用于北极海的 S450 钢,该钢在 -60℃的冲击功超过 300 J。

3)优良的焊接性能。高强钢具有其独特的优势,但随着强度的增加,其焊接性能会变差。海洋工程作为一个焊接结构,为了保证结构的安全可靠,优良的焊接性能是海洋工程用钢的一个重要指标。

4)高耐腐蚀性能。由于海洋工程结构长期处于盐雾、潮气和海水等环境中,受到海水及海生物的侵蚀作用而产生剧烈的电化学腐蚀,漆膜易发生剧烈皂化、老化,产生严重的结构腐蚀,降低了结构材料的力学性能,缩短其使用寿命,而且又因远离海岸,不能像船舶那样定期进行维修保养,因而对其腐蚀性能的要求更高。

(2)海洋工程用焊接材料

海洋工程焊材的选择一般遵循等强匹配的原则,即要求焊缝金属的力学性能与母材的力学性能基本一致。对于一些特殊结构,从结构设计的角度考量,有时会采取高匹配进行选材施工。对于屈服强度 550 MPa 以下的母材,焊材的选择面比较广,焊条、气保焊丝、埋弧焊均可满足要求,但 550 MPa 以上的母材由于工艺性、焊接性、操作位置等条件的限制,目前绝大部分焊材只能选择焊条。根据海洋工程的结构特点及工作环境,该领域所用焊接材料通常具有高强度、高韧低氢(超低氢)、耐腐蚀和抗疲劳等特点。

1.3.2 海洋工程焊接技术的应用及现状

(1)船舶焊接技术

船舶焊接技术是现代造船模式中的关键技术之一。先进的船舶高效焊接技术,在提高船舶建造效率、降低船舶建造成本、提高船舶建造质量等方面具有重要的作用,也是企业提高经济效益的有效途径。先进的船舶高效焊接技术涉及船舶制造中的工艺设计、计算机数控下料、小合拢、中合拢、大合拢、平面分段、曲面分段、平直立体分段、管线法兰焊接、型材部件装焊等工序和工位的焊接工程。

1)船舶焊接方法及设备。

根据我国船舶企业造船模式的现状,可分为三类:

第一类主要是众多的小型造船企业和沙滩船厂,属于整体造船模式。其焊接方法及设备的使用现状为:平板拼接、管道焊接及船体焊接均采用硅整流式变压器手工焊条电弧焊,刚开始应用晶闸管式 CO_2 气体保护焊机。

第二类主要是地方造船厂和规模较大的民营造船厂,其造船模式属于分段造船模式。其焊接方法及设备的使用现状为:平板拼接采用 CO_2 气体保护焊机和晶闸管式埋弧焊机。平角焊、立角焊工艺采用 CO_2 气体保护焊和手工电弧焊。分段焊接亦以 CO_2 气体保护焊和手工电弧焊为主。管道焊接则采用 TIG 焊、CO_2 气体保护焊和手工焊条电弧焊。其趋势是向以 CO_2 气体保护焊和焊接过程自动化为主的方向发展。

第三类则是中国船舶工业集团公司和中国船舶重工集团公司下属的大型企业,如外高桥船厂、大连船厂、沪东中华以及南通的中远川崎等,其造船模式已属于分道造船模式,并向更先进的集成造船模式发展。上述企业焊接方法及设备的使用现状为:平板拼接采用 CO_2 气体保护焊和晶闸管式埋弧焊机;平角焊、立角焊工艺基本为 CO_2 气体保护焊;区域连接应用气电立焊工艺;管道焊接为 TIG 焊和 CO_2 气体保护焊。其船舶焊接基本以 CO_2 气体保护焊和焊接过程自动化为主导,并开始采用机器人焊接。

所谓高效焊接技术是指与常规焊条手工电弧焊相比,熔敷速度高、焊接速度快、操作方便且易于自动焊的焊接工艺方法。其特点是生产效率高、焊接质量好、节约能源和材料、改善劳动条件和保护环境等。对于船舶制造可以大大缩短造船周期、降低造船成本,故对我国造船业来说,船舶焊接方法及设备的整体发展趋势应是向高效焊接工艺及设备发展。目前我国的第三类造船企业中高效焊接技术已占全部焊接工作量的 80%,但众多的中小船舶企业则相差很远。船舶高效焊接技术主要有以下几种。

①手工焊：铁粉焊条、重力焊，下向焊。

②气体保护焊：CO_2 气体保护焊、双丝 MAG 焊。

③埋弧焊：单丝、多丝埋弧焊，窄间隙埋弧焊。

④单面焊：手工单面焊、CO_2 气体保护单面焊、埋弧单面焊（FCB、FAB、RF 法）。

⑤其他：电渣焊、激光焊、激光电弧复合热源焊、搅拌摩擦焊等。

2）船厂常用的高效焊接技术。

①熔化极活性气体保护焊（MAG）。

MAG 焊自 20 世纪 50 年代以来得到广泛应用，日本已占 70％以上。MAG 焊有自动和半自动两种方式。保护气可采用 CO_2 或混合气体，焊材可以是实芯或药芯焊丝，其特点是高效、节能、质量好、成本低、易自动化。

②高效埋弧自动焊。

其中，多丝埋弧焊适用于船体平板拼接；窄间隙埋弧焊一般用于厚板结构（100～200 mm），可比一般埋弧焊提高效率 2～4 倍，节省填充金属，降低能耗；立板横向埋弧焊主要适于船体侧板组装的焊接；球形及筒形压力容器的横向组装焊缝在工地现场应用较多。

③单面焊双面成型。

单面焊双面成型是在船舶制造中采用最多的高效焊接工艺技术。它按衬垫种类分为铜衬垫、陶瓷衬垫、玻璃纤维及石英砂衬垫以及固化焊剂衬垫。按焊接工艺方法，它又可以分为手工焊条焊、埋弧焊、实芯和药芯的 MAG、MIG 焊。

最常用的单面焊双面成型主要有焊剂石棉衬垫单面焊（FAB）、热固化焊剂衬垫单面焊（RF）、铜衬垫单面焊 FCB 法。其中，FAB 法（Flux Aided Backing）是利用柔性衬垫材料装在坡口背面一侧，并用铝板和磁性压紧装置将其固定，主要用于曲面钢板的拼接及船台合拢阶段甲板大口的焊接；RF 法（Region Flux Backing）采用一种特制的含有热硬化性树脂的衬垫焊剂，在它的下部装有底层焊剂的焊剂袋；FCB 法（Flux Copper Backing）是采用焊剂铜衬垫及压缩空气加压，通常用双丝或多丝埋弧焊，第一丝常用直流，其他丝用交流电源。

3）船舶焊接技术的新发展。

经过 50 多年的发展，我国已经成为世界上的焊接大国和第三造船大国，但远不是一个焊接强国。广大造船焊接科技人员一直致力于造船焊接工艺方法的多样化，目前已有 40 多种造船焊接工艺方法并获得有关船级社的认可。高效焊接技术除了在散货船、油船、集装箱船等主力船型上应用之外，还在液化天然气船（LNG）、液化石油气船（LPG）、大型散装箱船、海洋浮式生产储油船（FPSO）、超大型油船（VLCC）、滚装船、水翼船等高技术、高附加值船舶上获得广泛应用。

（2）海洋工程平台焊接技术

1）海上桩管环缝焊接。

在海洋固定平台的建造中，一般需要打导管桩；在海底管道系统的施工中，一般需要打平台立管独立桩和登陆立管独立桩；在其他海洋工程建设项目的施工中，也经常需要打独立桩。也就是说，海工建设项目的施工离不开打桩。为了确保工程质量、加快施工速度,必须研究和采用比较先进的海上桩管安装技术。该技术主要包括桩管定位、打桩和焊接技术。

目前,为了保证焊接质量、提高焊接效率,相关部门研制成功了"桩管横环缝 CO_2 自动焊接装置",并应用于工程实践,取得了很好的效果。桩管环缝自动焊接装置由焊接电源、焊接小车及轨道、送丝系统、供气系统、控制装置及操作室组成。图 1-22 为 CO_2 自动焊接装置操作室示意图。

该装置的投入使用,解决了长期以来困扰海上施工的桩管焊接难题,提高了海上施工能力,为海上油田开发建设发挥了积极的作用。海上桩管横环缝自动焊接装置的研制成功使桩管焊接

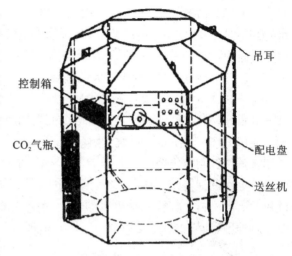

控制箱
CO_2 气瓶
吊耳
配电盘
送丝机

图 1-22　CO_2 自动焊接装置操作室示意图

由手工变为自动,焊接速度快、效率高、质量好、使用安全方便,降低了工人的劳动强度,具有显著的经济效益和社会效益。

2)水下焊接技术。

海洋工程平台常年处于水中,常年受海水、风浪的侵蚀作用,一旦出现问题,将会造成财力物力的巨大损失。因此,加强对水下焊接技术的研究和应用,对于海洋事业开发,海底油气开采,让丰富的海洋资源为人类服务,具有重要的现实意义。目前,水下焊接技术已广泛用于海洋工程结构、海底管线、船坞港口设施、江河工程及核电厂维修,成为组装维修大型海洋工程的关键技术之一。

①水下焊接技术分类。

从工作环境上讲,水下焊接技术可以分为湿式水下焊接、干式水下焊接和局部干式水下焊接三类。湿式水下焊接的全过程是在一定压力的水介质中进行的;干式水下焊接是在水下建立一种干燥环境气氛中进行的,它又分为高压焊接与常压焊接两种。各种已被采用的焊接技术都可以用于干式水下焊接,一般 MIG 和 TIG 用得比较多,而且取得了良好的效果;局部干式水下焊接是在熔焊区内造成的一种局部干燥环境中进行水下焊接的方法,具有比较理想的发展前途。

②海洋工程深水焊接。

目前海上石油资源开发已基本形成了一个高速高效的发展势态并成为新的经济增长点。国内海洋石油工业的发展方向与世界海洋石油发展的趋势相同,即都是走向深水。海洋石油的一般概念,300 m 以下叫浅水,300～1 500 m 之间的范围叫深水,超过1 500 m 就叫超深水,当然,这只是当今世界开发海上油田能力的反映。国内南海的深水区域拥有丰富的油气资源,中国海洋石油总公司已经向世界公开招标、面积相当于渤海的深水区域的水深是 600～2 000 m,为了实现深水战略目标,成立了深水工程重点实验

室,为走向深水提供技术支持。

干式高压 TIG 焊接接头质量能够符合美国焊接学会 AWS D3.6M:1999 等标准的要求,是目前海底管道等重要结构物水下修复普遍采用的焊接方法。挪威 STATOIL 公司的 PRS 系统于 1994 年进行了 334 m 水深的管道焊接获得成功,—30e 冲击功达到 300 J,焊缝显微硬度低于 245 HV。但是,研究表明,随着环境压力增加,TIG 焊电弧稳定性降低,高压 TIG 焊的工作深度极限大约是 500 m。

对于 500 m 甚至 1 000 m 深海洋结构物的水下修复,高压 MIG 焊接与摩擦叠焊(Friction Stitch Welding)是最具备应用前景的两种方法。高压 MIG 焊接存在的主要问题是在压力环境之下熔滴过渡受阻问题,以英国 Cranfield Universtiy 为代表的研究单位采用将弧长控制在很短的方案对于工程应用而言局限性很大;20 世纪 90 年代末期以来摩擦叠焊在欧洲得到了很大发展,该技术应用于海洋平台、海底管道修复,要求大刚度并联机器人的支持。实施深水焊接的另一个困难是人类饱和潜水极限深度(650 m)的限制,需要开发无潜水员辅助的全自动作业系统。

1.3.3　海洋工程焊接自动化新技术

（1）搅拌摩擦焊

搅拌摩擦焊是利用摩擦生热来进行焊接的一种技术,在原摩擦焊的基础上,利用一种相对比母材稍硬的摩擦头,接触在待焊的部位,在一定压力下摩擦头旋转生热使该部位处于塑性状态,从而实现焊接。搅拌摩擦焊在焊接方法、接头力学性能和生产效率上具有其他焊接方法无法比拟的优越性,它是一种高效、节能、环保的新型焊接技术。图 1-23 为搅拌摩擦焊设备。

图 1-23　搅拌摩擦焊设备

（2）激光焊接技术

激光焊接是一种高能束焊接方法,在狭窄部位也能进行焊接,所形成的焊缝金相组织致密、强度高,热影响区小,焊后工件变形小,是一种非常有效的焊接方法。

（3）激光-MIG 复合焊(L-MIG 复合焊)

复合焊的特点是利用激光的高能量来提高焊接效率,MIG 焊利于降低成本,提高焊缝的搭桥性能。激光产生的等离子体增强了 MIG 电弧的引燃和维持能力,使 MIG 电弧更稳定。

（4）变极性等离子立焊(VPPA)

该法采用转移弧和变极性交流进行等离子立焊,焊接电流较大,通过小孔作用可以焊接薄板和厚板。

（5）焊接机器人

机器人技术是综合了计算机、控制论、机构学、信息和传感技术、人工智能、仿生学等多学科而形成的高新技术，当前对机器人技术的研究十分活跃。从目前国内外研究现状来看，焊接机器人技术研究主要集中在焊缝跟踪技术、离线编程与路径规划技术、多机器人协调控制技术、专用弧焊电源技术、焊接机器人系统仿真技术、机器人用焊接工艺方法、遥控焊接技术等七个方面。图1-24所示为焊接机器人。

目前我国在海洋工程装备设计、制造中仍然存在着自主研发创新不够、高端制造水平不足、核心零部件生产能力欠缺、深水能力较弱等问题，要紧紧抓住国家大力发展海洋工程装备制造业这个

图1-24 焊接机器人

契机，加快推进发展方式，转变推动船舶工业的转型升级。高度重视科技驱动，着力提升科技创新能力。焊接技术是海洋工程制造中的关键技术之一，合理的焊接方法能够保证焊接产品的质量优良、可靠，生产效率高，焊接成本费用低，能获得较好的经济效益。由于海洋工程对焊接质量要求严格，而且劳动条件和环境又很恶劣，因此焊接的自动化、智能化和数字化将受到青睐。

第2章　海洋工程装备常用焊接工艺方法

目前,海洋开发已成为全球瞩目的新领域。随着人类对海洋的进一步开发,水下焊接技术作为组装、维修诸如采油平台、输油管线以及海底仓等大型海洋结构的关键技术之一,也取得了飞速发展,并已广泛用于海洋工程结构、海底管线、船舶、船坞及港口设施等领域。随着我国海洋工程设备的迅速发展,要保证海洋工程设备的安全性,就必须考虑海洋工程结构的焊接质量问题。由于海洋工程结构工作环境比较恶劣,易产生对焊缝金属的腐蚀。其次,由于海洋工程系统结构越来越复杂,焊接的残余应力以及连接节点处应力集中,很容易产生疲劳破坏。所以海洋工程焊接对焊缝质量的要求很高。包括余高、包角、焊趾过渡、焊缝设计形式、全焊透焊缝焊接注意事项和焊接顺序。

2.1　水下焊接面临的主要问题

与普通陆地上的焊接相比,水下焊接由于水的存在使焊接过程更复杂,并且出现许多陆上焊接所未遇到的技术问题。其中,对焊接过程有直接影响的因素包括以下几个方面。

①可见度差。水对光的吸收、反射和折射等作用比空气强得多,因此光在水中传播时减弱得很快。同时,焊接时电弧周围产生大气泡和烟雾,使水下电弧的可见度非常低。在淤泥的海底和夹带泥沙的海域中进行水下焊接,可见度更差,严重影响潜水焊工操作技术的发挥。这是造成水下焊接容易出现缺陷、焊接接头质量不高的重要原因之一。

②氢含量高。如果焊接中氢含量超过允许值,很容易引起裂纹,甚至导致结构的破坏。水下电弧会使其周围的水产生热分解,导致溶解到焊缝中的氢增加。一般焊接中扩散氢的含量为 $27\sim36$ mg/(100 g),是陆地酸性焊条焊接时的好几倍。水下焊条电弧焊的焊接接头质量差与氢含量高是直接相关的。

③冷却速度快。水下焊接时,海水的热传导系数较高,是空气的 20 倍左右。即使是淡水,其热传导系数也是空气的几倍。当采用湿法或局部干法进行水下焊接时,被焊工件直接处于水中,水对焊缝的急冷效果明显,容易产生高硬度的淬硬组织。

④压力的影响。随着压力的增加(水深每增加 10 m,压力增加约 0.1 MPa),电弧弧柱变细,焊道宽度变窄,焊缝高度增加,同时导电介质密度增加,从而增加了电离难度,电弧电压随之升高,电弧稳定性降低,飞溅和烟尘也增多。压力增加时,对焊接过程的工艺特性、焊缝性能及焊缝的化学成分等都会产生不利的影响。

2.2　水下焊接的主要方法

水下焊接依据所处的环境大体上分为三类:湿法水下焊接、干法水下焊接和局部干法水下焊接。

2.2.1　湿法水下焊接

湿法水下焊接时工件直接置于水环境中,焊接区域既受到水压的影响,又受到水的强烈冷却作用,电弧仅靠焊条在焊接过程中产生的气体以及水汽化形成的气泡来保护。该方法的优点是操作方便、灵活,设备简单,施工造价较低,但焊接缺陷多,焊接质量较差,因而这种方法不能用于焊接重要的海洋工程结构。在湿法水下焊接中最常用的方法是焊条电弧焊和药芯焊丝电弧焊,而水下焊条的发展促进了湿法水下焊接的应用。

2.2.2　局部干法水下焊接

局部干法水下焊接是用气体把正在焊接的局部区域的水人为地排开,形成一个较小的气相区,使电弧在其中稳定燃烧的焊接方法。由于降低了水的有害影响,此种方法使焊接接头的质量比湿法焊接得到了明显的改善。与干法焊接相比,无需大型昂贵的排水气室,适应性明显增大。集合了湿法和干法两者的优点,是一种较先进的水下焊接方法,也是当前水下焊接研究的重点与方向。局部干法种类较多,日本较多采用水帘式及钢刷式,美国、英国多采用干点式及气罩式,法国新近发展了一种旋罩式。另外,等离子 MIG 局部干法水下焊接也是一种极有发展前途的水下焊接方法。国内方面,哈尔滨焊接研究所从 20 世纪 70 年代就开始对气体保护局部排水半自动水下焊接技术进行研究,并开发了配套设备 NBS-500 型水下半自动焊机。

2.2.3　干法水下焊接

干法水下焊接是用气体将焊接部位周围的水排除,使焊接过程在干燥或半干燥的条件下进行。进行干法水下焊接时,需要设计和制造复杂的压力舱或工作室。根据压力舱或工作室内的压力不同,干法水下焊接又可分为高压干法水下焊接和常压干法水下焊接。干法焊接可以有效地排除水对焊接过程的影响,尤其是常压干法焊接,其施焊条件完全和陆地焊接时一样,因此其焊接质量也最有保证。但常压干法焊接所需设备过于复杂,成本昂贵,目前还不能广泛使用。高压干法焊接以其焊接质量高、接头性能好及成本相对较低等优点越来越受到重视。许多国家加大了对高压干法水下焊接技术的研究与应用,迄今已经积累了大量的研究成果和工程应用案例。美国于 1954 年首先提出高压干法焊接的概念,1966 年开始用于生产,目前最大实用水深可以达到 300 m 左右。工作时,气室底部是开口的,通入气压稍大于工作水深压力的气体,把气室内的水从底部开口处排出,焊接在干的气室中进行。一般采用焊条电弧焊或惰性气体保护焊,是当前水下焊接中质量最好的方法之一,基本上可以达到陆上焊接焊缝的质量。

目前,世界各国正在应用和研究的水下焊接方法较多。其中比较成熟的有手工电弧焊、埋弧焊、药芯焊丝气体保护焊和激光焊。下面着重介绍这几种焊接方法。

2.3 手工电弧焊

2.3.1 手工电弧焊原理及特点

手工电弧焊是利用手工操纵焊条进行焊接的电弧焊方法,简称手弧焊,其原理如图2-1所示。是以焊条和焊件作为两个电极,被焊金属称为焊件或母材。焊接时因电弧的高温和吹力作用使焊件局部熔化。在被焊金属上形成一个椭圆形充满液体金属的凹坑,这个凹坑称为熔池。随着焊条的移动熔池冷却凝固后形成焊缝,焊缝表面覆盖的一层渣壳称为熔渣。焊条熔化末端到熔池表面的距离称为电弧长度,从焊件表面至熔池底部距离称为熔透深度。手工电弧焊使用各种各样的方法保护焊接熔池,防止和大气接触,热能由电弧提供。和 MIG 焊一样,电极也为自耗电极。金属电极外由矿物质熔剂包覆,熔剂熔化时形成焊渣盖住焊接熔池。包覆的熔剂释放出气体保护焊接熔池,含有合金元素用来补偿合金熔池的合金损失。

有些情况下,包覆的熔剂内含有所有合金元素,中部的焊条仅是碳钢。然而,在采用这些类型的焊条时,需要特别小心,因为所有飞溅都具有软钢性质,在使用过程中焊缝会锈蚀。

手工电弧焊的特点是设备简单;操作灵活方便;能进行全位置焊接,适合焊接多种材料。不足之处是生产效率低,劳动强度大。

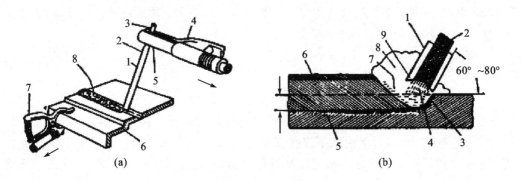

图(a)1—焊条;2—药皮;3—焊条夹持端;4—绝缘把手;5—焊钳;6—焊件;7—地线夹头;8—焊缝
图(b)1—药皮;2—焊芯;3—焊缝弧坑;4—电弧;5—热影响区;6—熔渣;7—熔池;8—保护气体;
9—焊条端部喇叭口

图 2-1 手工电弧焊原理

2.3.2　电源种类

焊条可以在交流或直流电源下使用。并不是所有的直流焊条都能在交流电源下使用,但交流焊条通常都能在直流电源下使用。

焊接电源分为两种,直流弧焊电源和交流弧焊电源,焊条分为两大类:酸性焊条和碱性焊条。酸性焊条用直流和交流焊接电源均可,碱性焊条必须用直流弧焊电源。其接法有两种:直流正接和直流反接,焊接过程中产生偏磁吹调换接法会有明显好转。交流焊接电源一般情况下不会产生偏磁吹。电压一般为 $20\sim35$ V,电流取决于焊接材料的厚度、焊条规格、焊接结构,范围在 $15\sim400$ A。

2.3.3　焊条类型

焊条药皮的化学成分对电弧的稳定性、熔深、金属熔敷率和定位能力有很大影响。焊条可分为三大类:纤维素型焊条、氧化钛药皮焊条、碱性焊条。

(1)纤维素型焊条

焊条的药皮中含有大量的纤维素,它的特点是电弧熔深深、摩擦变形速度快,这也提高了整个焊接速度。但由于焊缝沉淀物比较粗糙并且和流动的熔渣混合在一起,所以除渣很困难。这种焊条在任何位置都可以使用,而且因其在高架焊管(Stovepipe Welding Technique)中的使用而为人们所熟悉。

特点:在所有位置都能形成较深的熔深,适用于向下立焊,良好的机械性能,产生大量的氢——有造成热影响区(HAZ)裂纹的风险。

(2)氧化钛药皮焊条

氧化钛的药皮中含有大量的氧化钛(Rutile)。氧化钛使起弧、平滑电弧操作和降低弧飞溅变得容易。这种通用焊条具有良好的焊接特性,在交流电或直流电下,它们可用于所有位置的焊接,特别适用于横角/立角位置的接头焊接。

特点:合适的焊缝金属机械性能,黏性熔渣能形成良好的焊道外形,定位焊接可能会产生流动的熔渣(含氟化物),易清除熔渣。

(3)碱性焊条

碱性焊条药皮中含有大量的碳酸钙(石灰石)、氟化钙(萤石)。这使它的熔渣比氧化钛型焊条的熔渣更易流动,这也是一种协助立焊和仰焊快速冷却的方法。这些焊条用于焊接中型和大型结构,要求具有较高的焊接质量、良好的机械性能和抗裂纹能力(过度拘束会产生裂纹)。

特点:低氢焊缝金属,要求高焊接电流/速度,焊道成型差(表面轮廓弯曲、粗糙),清除熔渣困难。金属粉末焊条包含加有金属粉末的涂料,可使焊接电流增加到最大容许电流。因此,与药皮中不含铁粉的焊条相比,金属粉末焊条的金属熔敷速度和效率(金属熔敷比例)都有所提高,熔渣也很容易清除。由于熔敷速度快,铁粉焊条主要用于平焊、横焊和立焊。氧化钛焊条和碱性焊条没有显著的电弧特性,电弧力度较小,减少了焊道的熔深。

2.4 埋弧焊

2.4.1 埋弧焊原理

埋弧焊是一种利用位于焊剂层下点击与焊件之间燃烧的电弧产生的热量,融化电极、焊剂和母材金属的焊接方法。电弧和焊接区域由焊剂覆盖,焊接熔池由焊剂所形成的渣保护而不受大气侵入,其原理如图2-2所示。

电极和工件分别与焊接电源的输出端相接,连续送进的焊丝在可融化的颗粒状焊剂覆盖下引燃电弧,电弧热使焊丝、焊剂、母材融化以致部分蒸发,在电弧区形成争气空腔,电弧在空腔内稳定燃烧,底部是金属熔池,顶部是焊渣,随着电弧向前移动,电弧力将液态金属推向后方并逐渐冷却凝固成焊缝,熔渣凝固成渣壳覆盖在焊缝表面。

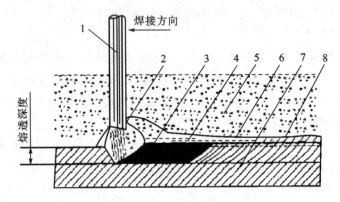

1—焊丝;2—电弧;3—熔池金属;4—熔渣;5—焊剂;6—焊缝;7—焊件;8—熔渣

图 2-2　埋弧焊时焊缝的形成过程

2.4.2 埋弧焊特点

(1)生产效率高

埋弧焊所用焊接电流大,电弧的熔透能力和焊丝的融化速度都大大提高,加上焊剂、熔渣的保护,熔敷率也高。

(2)焊接质量好

因为熔渣的保护,融化金属不与空气接触,熔池金属凝固较慢,液体金属和融化焊剂间的冶金反应充分,减少了焊缝中产生气孔、裂纹的可能性。利用焊剂对焊缝金属脱氧还原反应以及渗合金作用,可以获得力学性能优良、致密性高的优质焊缝金属。焊缝金属的性能容易通过焊剂和焊丝的选配调整。焊缝表面光洁,焊后无需修磨焊缝表面。

(3)焊件变形小

埋弧焊的热能集中,焊接速度快,焊缝热影响区小,因此焊件的变形也就减小。

（4）劳动条件好

埋弧焊过程无弧光辐射，噪音小，烟尘量也少，是一种安全绿色的焊接方法。

（5）受焊接位置限制

埋弧焊采用颗粒状焊剂进行保护，一般只能在平焊或横焊位置下进行焊接，对工件的倾斜度亦有限制。常用于平焊和平角焊位置的焊接。

（6）不适合焊小件、薄件

埋弧焊使用电流较大，电弧的电场强度较高，电流小于 100 A 时，电弧稳定性较差，因此不适宜焊接厚度小于 1 mm 的薄件。

（7）不便于观察

埋弧焊焊接时不能直接观察电弧与破口的相对位置，需要采用焊缝自动跟踪装置来保证焊炬的对准，对精度的要求高，每层焊道焊接后必须清除焊渣。

（8）难以焊接氧化性强的金属材料

由于焊剂的氧化性强，不适合焊接铝、镁等氧化性强的金属及其合金。

目前埋弧焊主要应用于焊接各种钢板结构。可焊接的钢种包括碳素结构钢、不锈钢、耐热钢及其复合钢材等。埋弧焊在造船、锅炉、化工容器、桥梁、起重机械、冶金机械制造业、海洋结构、核电设备中应用最为广泛。此外，用埋弧焊堆焊耐磨耐蚀合金或用于焊接镍基合金、铜合金也是较理想的。

2.4.3　埋弧焊设备

丝极埋弧焊设备包括焊接电源、控制系统、送丝机构、小车行走机构、导电嘴、焊丝盘、焊剂输送与回收装置。其原理如图 2-3 所示。

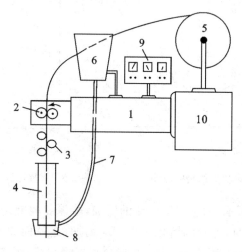

1—送丝马达；2—送丝轮；3—校直轮；4—导电管；5—焊丝盘；6—焊剂斗；
7—焊剂导管；8—焊剂喷嘴；9—调节装置；10—行走机构

图 2-3　埋弧焊设备

（1）焊接电源

丝极埋弧焊可采用交流电源和直流电源。埋弧焊电源的电流一般在 300～1 500 A，焊丝直径为 2.4～6.0 mm。交流电源一般提供陡降特性，直流电源可提供平特性、缓降特性、垂降特性、陡降特性电源。

埋弧焊采用平特性或缓降特性电源时必须配合等速送丝系统，利用电弧自身调节作用实现电弧稳定燃烧；采用垂降特性电源时必须配备具有弧压反馈的变速送丝系统，弧压反馈变速送丝系统较复杂，其价格高于恒压等速送丝自调节系统。

（2）控制系统

埋弧焊机控制系统由送丝与行走驱动控制、引弧和熄弧程序控制、电源输出特性控制以及配套的辅助电路（转台、变位机）的电气联动等部分组成。龙门式、悬臂式专用埋弧自动焊机还可能包括横臂伸缩、升降、立柱旋转、焊剂回收等控制环节。

埋弧焊时，焊接电流、电弧长度、焊接速度是三个重要参数，控制系统的任务是使这些参数稳定，确保焊接质量。

（3）送丝机构

埋弧焊送丝机构是用来把焊丝自动送入电弧焊接区，由送丝驱动系统，送丝滚轮、压紧机构及矫直滚轮等组成。

2.4.4 埋弧焊的工艺参数及影响

埋弧焊的焊接参数主要有：焊接电流、电弧电压、焊接速度、焊丝直径和伸出长度等。

（1）焊接电流对焊缝成型的影响

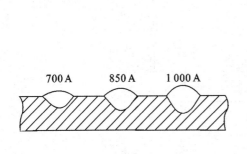

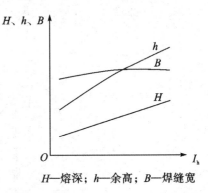

H—熔深；h—余高；B—焊缝宽

图 2-4　焊接电流对焊缝的影响　　图 2-5　焊接电流对焊缝形状影响的规律

如图 2-4 和图 2-5 所示，随着焊接电流的增加，熔深和焊缝余高都有显著增加，但焊缝的宽度变化不大。同时，焊丝的熔化量也相应增加，这就使焊缝的余高增加。随着焊接电流的减小，熔深和余高都减小。为防止烧穿和焊缝裂纹，焊接电流不宜选得太大，但电流过小也会使焊接过程不稳定并造成未焊透或未熔合。

（2）电弧电压对焊缝成型的影响

如图 2-6、图 2-7 所示，电弧电压与电弧长度成正比。在其他参数不变的情况下，随着电弧电压的增加，焊接宽度明显增加，而熔深和焊缝余高则有所下降。但是电弧电压太大时,不仅使熔深变小,产生未焊透,而且会导致焊缝成型差、脱渣困难,甚至产生咬边等缺陷。但电弧电压过低,会形成高而窄的焊道,使边缘熔合不良。图2-8为电弧电压过高时的影响。

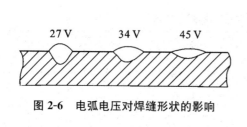

图 2-6　电弧电压对焊缝形状的影响

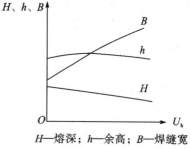

H—熔深；h—余高；B—焊缝宽

图 2-7　电弧电压变化对焊缝形状的影响规律

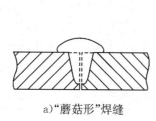

a)"蘑菇形"焊缝

b)咬边和凹陷

图 2-8　电弧电压过高时的影响

所以为获得成型良好的焊道,电弧电压与焊接电流应相互匹配。在增加电弧电压的同时,还应适当增加焊接电流。

(3)焊接速度对焊缝成型的影响

如图2-9所示,当其他焊接参数不变而焊接速度增加时,焊接热输入量相应减小,从而使焊缝的熔深也减小。焊接速度太大会造成未焊透等缺陷,如图2-10所示。为保证焊接质量必须保证一定的焊接热输入量,即为了提高生产率而提高焊接速度的同时,应相应提高焊接电流和电弧电压。

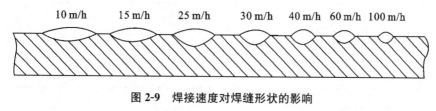

图 2-9　焊接速度对焊缝形状的影响

a)快速焊接时　　　　　　　　　b)低速焊接时

图 2-10　焊接速度对熔池形状的影响

（4）焊丝直径与伸出长度对焊缝成型的影响

当其他焊接参数不变而焊丝直径增加时，弧柱直径随之增加，即电流密度减小，会造成焊缝宽度增加，熔深减小。反之，则熔深增加及焊缝宽度减小。

当其他焊接参数不变而焊丝长度增加时，电阻也随之增大，伸出部分焊丝所受到的预热作用增加，焊丝熔化速度加快，结果使熔深变浅，焊缝余高增加，因此须控制焊丝伸出长度不宜过长，其原理如表 2-1 所示。

表 2-1　不同直径焊丝使用的焊接电流

焊丝直径(mm)	2	3	4	5	6
焊接电流(A)	200～400	350～600	500～800	700～1 000	800～1 200

（5）焊丝倾角对焊缝成型的影响

焊丝的倾斜方向分为前倾和后倾。倾角的方向和大小不同，电弧对熔池的力和热作用也不同，从而影响焊缝成型。当焊丝后倾一定角度时，由于电弧指向焊接方向，使熔池前面的焊件受到了预热作用，电弧对熔池的液态金属排出作用减弱，从而导致焊缝宽而熔深变浅。反之，焊缝宽度较小而熔深较大，但易使焊缝边缘产生未熔合和咬边，并且使焊缝成型变差。其原理如表 2-2 所示。

表 2-2　焊丝倾角的影响

焊丝倾角	前倾 15°	垂直	后倾 15°
示图	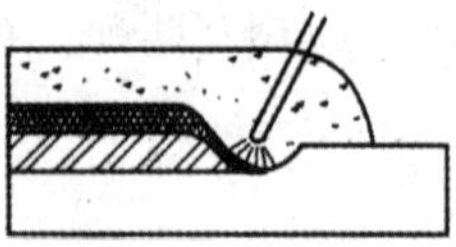	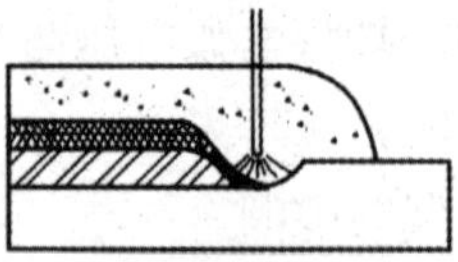	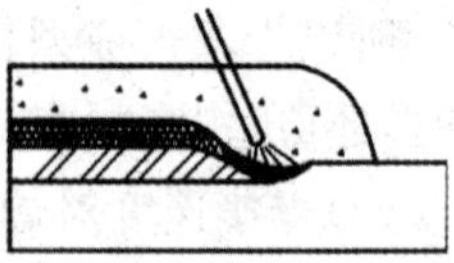
焊缝形状	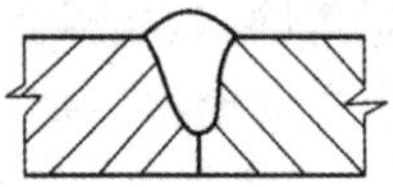	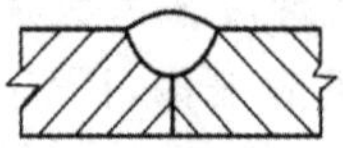	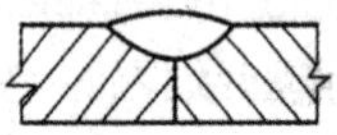
熔透	深	中等	浅
余高	大	中等	小
熔宽	窄	中等	宽

2.4.5　埋弧焊的缺陷及防止措施

（1）埋弧焊具体缺陷

埋弧焊具体缺陷如图 2-11 所示。

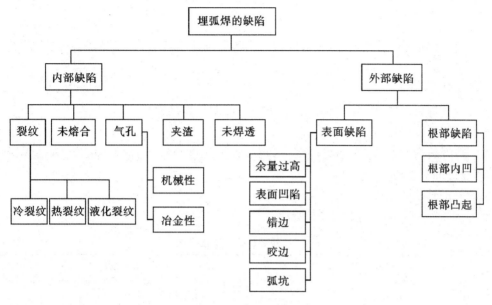

图 2-11　埋弧焊的缺陷

（2）防止措施

1）内部缺陷防止

①氢致冷裂纹。

a. 焊剂在 250℃～300℃烘干大约 2 小时；b. 预热、后热、消氢、焊后热处理；c. 选择合理焊接参数，适当增加焊接热输入；d. 选择合适接头和坡口，减小拘束度和内应力；e. 清理焊接区域水分、油污和铁锈。

②层状撕裂。

a. 选择合理的结构设计，减小厚度方向的拘束度和残余应力；b. 选择合理的焊接顺序，选择变形能力良好的焊接材料；c. 改善母材的性能（Z 向）；d. 选择薄板。

③热裂纹。

a. 减少钢中 C、S、P 含量，提高焊丝纯净度；b. 控制焊缝形状（宽深比 $B/T>1$），不正确的焊缝形状引起的缺陷如图 2-12 所示；c. 合理的焊接参数，适当减少焊接热输入；d. 改善坡口形式，减少拘束度和应力。

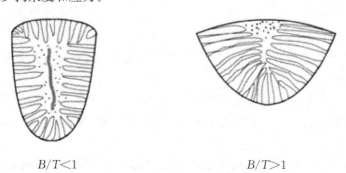

$B/T<1$　　　　　　　　　　　$B/T>1$

图 2-12　不正确的焊缝形状引起的缺陷

④气孔。

a. 烘干焊剂；b. 清理工件焊接区域；c. 调整焊剂化学成分，改变熔渣黏度；d. 焊剂覆盖充分。

⑤夹渣。

a. 调整焊接次序；b. 选择脱渣性好的焊剂；c. 调整焊接参数。

⑥未焊透及未熔合。

a. 选择适当的参数（增加焊接电流，减小焊接速度）；b. 选择合适坡口，调整焊接位置，有较好的对中性。

2）外部缺陷防止

外部缺陷及防止措施如表 2-3 所示。

表 2-3　外部缺陷及防止措施

缺陷	防止措施
余高过大	提高焊接电压
熔深不够	提高焊接电流 降低焊接电压
表面凹陷（如容器的环焊缝）	精炼焊剂 选择适当焊丝尺寸
弧坑	调整送丝速度
咬边（对接）	调整焊接电压，选择合适焊剂
咬边（角接）	调整焊接电压 选择正确焊丝位置和焊接参数
根部凸起/根部凹陷	选择正确焊丝位置 选择合适焊接参数

2.4.6　埋弧焊焊接材料及其标准

（1）埋弧焊焊丝

焊丝作为填充金属，常用焊丝直径：1.2、1.6、2.0、2.5、3.0、3.2、4.0、5.0、6.0、6.2、8.0。用于非合金和细晶粒结构钢的埋弧焊焊丝成分及标记的标准是 ISO14171。

埋弧焊焊剂的作用：

①改善电弧的导电性，使起弧容易，稳定电弧；

②形成熔渣，形成一个坚固的渣腔，保护过度的熔滴，覆盖在焊道上表面，避免焊缝的过快冷却；

③对熔池产生冶金影响，在金属与渣之间，通过锰铁和硅铁反应脱氧；

④掺合金作用，加入 Si 和 Mn，Cr，Ni，Mo 等元素。

(2)焊剂的酸碱度及合金元素的添加和烧损

不同酸碱性焊剂对焊缝缺口冲击功的影响如图 2-13 所示。

焊剂的酸碱度由下列公式表示。

即
$$B=\frac{CaO+MgO+BaO+CaF_2+Na_2O+K_2O+0.5(MnO+FeO)}{SiO_2+0.5(Al_2O_3+TiO_2+ZrO_2)} \tag{2-1}$$

$B<1$　酸性；

$B=1$　中性；

$B>1$　碱性；

$B>3$　强碱性。

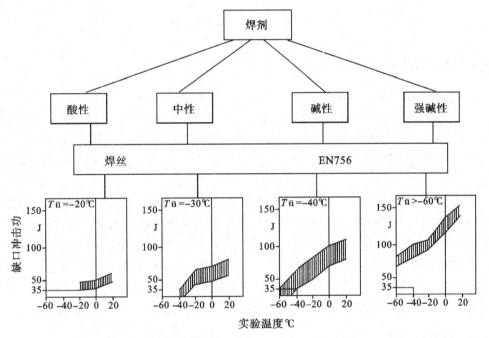

$T\ddot{u}=$ 在此温度下达到35 J

图 2-13　不同酸碱性焊剂对焊缝缺口冲击功的影响

2.5　激光焊接与切割

2.5.1　激光焊接的原理

激光焊是以聚焦激光束作为能源轰击工件产生热量的一种焊接方法,是一种高能量密度的熔化焊方法。激光焊实质上是激光与非透明物质相互作用的过程,这一过程微观上是一个量子过程,宏观上表现为反射、吸收、加热、熔化、气化等现象。其原理如图 2-14 所示。

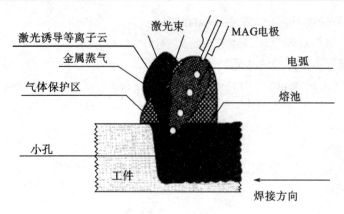

图 2-14　激光焊接原理示意图

2.5.2　激光的基本特征

激光最显著的特征是:单色性好,方线性好,亮度高,相干性好。

①单色性。激光中单色性能最好的是气体激光器产生的激光。如 He-Ne 激光器产生的 632.8 nm 谱线,线宽只有 9～10 nm。相比而言,在普通光源中单色性最好的用来作为长度基准器的氪灯,其谱线宽度为 $4.7×10^{-3}$ nm。显然激光的单色性比一般光要高出 106～107 倍以上。

②方向性好,亮度高。从光源发出的激光平行传播的程度成为方向性。由于谐振腔对光束的选择作用,激光器输出的光束发散角度很小。对于相同光束直径,波长越小其方向性越好。

③相干性好。以适当的方法将同一光源发出的光分成两束,两束光重合便产生明暗相间的条纹,这就是光的干涉。激光的相位在时间上保持不变,是整齐有序的,所以合成后能形成相位整齐、规则有序及大振幅的光波。

2.5.3　激光焊的特点和应用

(1)激光焊的特点

①焊缝窄(0.8 mm),深宽比可达 10∶1;

②无焊接变形,热影响区窄;

③可任意位置焊接;

④焊接速度快;

⑤可焊非金属材料。

(2)激光焊的应用

主要用于微电子点焊、接触点焊。在汽车上的应用也很多,尤其是轿车。可焊材料有低碳钢、合金钢、镍基合金等,还有激光与电弧复合使用。

2.5.4　激光切割

(1)激光切割的原理

激光切割是利用经聚焦的高功率密度激光束照射工件，使被照射的材料迅速熔化、汽化、烧蚀或达到燃点，同时借助与光束同轴的高速气流吹除熔融物质，从而实现将工件割开，其原理如图 2-15 所示。激光切割属于热切割方法之一。

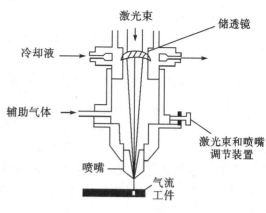

图 2-15　激光切割原理图

（2）激光切割的分类

激光切割可分为激光汽化切割、激光熔化切割、激光氧气切割和激光划片与控制断裂四类。

1）激光汽化切割。

利用高能量密度的激光束加热工件，使温度迅速上升，在非常短的时间内达到材料的沸点，材料开始汽化，形成蒸气。这些蒸气的喷出速度很大，蒸气喷出的同时，在材料上形成切口。材料的汽化热一般很大，所以激光汽化切割时需要很大的功率和功率密度。

激光汽化切割多用于极薄金属材料和非金属材料（如纸、布、木材、塑料和橡皮等）的切割。

2）激光熔化切割。

激光熔化切割时，用激光加热使金属材料熔化，然后通过与光束同轴的喷嘴喷吹非氧化性气体（Ar、He、N 等），依靠气体的强大压力使液态金属排出，形成切口。激光熔化切割不需要使金属完全汽化，所需能量只有汽化切割的 1/10。

激光熔化切割主要用于一些不易氧化的材料或活性金属的切割，如不锈钢、钛、铝及其合金等。

3）激光氧气切割。

激光氧气切割原理类似于氧乙炔切割。它是用激光作为预热热源，用氧气等活性气体作为切割气体。喷吹出的气体一方面与切割金属作用，发生氧化反应，放出大量的氧化热；另一方面把熔融的氧化物和熔化物从反应区吹出，在金属中形成切口。由于切割过程中的氧化反应产生了大量的热，所以激光氧气切割所需要的能量只是熔化切割的 1/2，而切割速度远远大于激光汽化切割和熔化切割。激光氧气切割主要用于碳钢、钛钢以及热处理钢等易氧化的金属材料。

4）激光划片与控制断裂。

激光划片是利用高能量密度的激光在脆性材料的表面进行扫描，使材料受热蒸发出一条小槽，然后施加一定的压力，脆性材料就会沿小槽处裂开。激光划片用的激光器一般为 Q 开关激光器和 CO_2 激光器。

（3）激光切割的特点

激光切割与其他热切割方法相比较，总的特点是切割速度快、质量高，具体概括为以下几个方面。

1)切割质量好。

由于激光光斑小、能量密度高、切割速度快,因此激光切割能够获得较好的切割质量。

①激光切割切口细窄,切缝两边平行并且与表面垂直,切割零件的尺寸精度可达±0.05 mm。

②切割表面光洁美观,表面粗糙度只有几十微米,甚至激光切割可以作为最后一道工序,无需机械加工,零部件可直接使用。

③材料经过激光切割后,热影响区宽度很小,切缝附近材料的性能也几乎不受影响,并且工件变形小,切割精度高,切缝的几何形状好,切缝横截面形状呈现较为规则的长方形。

2)切割效率高。

由于激光的传输特性,激光切割机上一般配有多台数控工作台,整个切割过程可以全部实现数控。操作时,只需改变数控程序,就可适用不同形状零件的切割,既可进行二维切割,又可实现三维切割。

3)切割速度快。

用功率为 1 200 W 的激光切割 2 mm 厚的低碳钢板,切割速度可达 600 cm/min;切割 5 mm 厚的聚丙烯树脂板,切割速度可达 1 200 cm/min。材料在激光切割时不需要装夹固定,既可节省工装夹具,又节省了上、下料的辅助时间。

4)非接触式切割。

激光切割时割炬与工件无接触,不存在工具的磨损。加工不同形状的零件,不需要更换"刀具",只需改变激光器的输出参数。激光切割过程噪声低,振动小,无污染。

5)切割材料的种类多。

与氧乙炔切割和等离子切割比较,激光切割材料的种类多,包括金属、非金属、金属基和非金属基复合材料、皮革、木材及纤维等。但是对于不同的材料,由于自身的热物理性能及对激光的吸收率不同,表现出不同的激光切割适应性。

6)缺点。

激光切割由于受激光器功率和设备体积的限制,激光切割只能切割中、小厚度的板材和管材,而且随着工件厚度的增加,切割速度明显下降。

激光切割设备费用高,一次性投资大。

(4)应用范围

大多数激光切割机都由数控程序进行控制操作或做成切割机器人。激光切割作为一种精密的加工方法,几乎可以切割所有的材料,包括薄金属板的二维切割或三维切割。

在汽车制造领域,小汽车顶窗等空间曲线的切割技术都已经获得广泛应用。德国大众汽车公司用功率为 500 W 的激光器切割形状复杂的车身薄板及各种曲面件。在航空航天领域,激光切割技术主要用于特种航空材料的切割,如钛合金、铝合金、镍合金、铬合金、不锈钢、氧化铍、复合材料、塑料、陶瓷及石英等。用激光切割加工的航空航天零部件有发动机火焰筒、钛合金薄壁机匣、飞机框架、钛合金蒙皮、机翼长桁、尾翼壁板、直升机主旋翼、航天飞机陶瓷隔热瓦等。

激光切割成型技术在非金属材料领域也有着较为广泛的应用。不仅可以切割硬度高、脆性大的材料，如氮化硅、陶瓷、石英等；还能切割加工柔性材料，如布料、纸张、塑料板、橡胶等，如用激光进行服装剪裁，可节约衣料 $10\%\sim12\%$，提高功效 3 倍以上。

2.6　药芯焊丝气体保护焊

2.6.1　工作原理

药芯焊丝是在焊丝内部装有焊剂或金属粉末混合物（称药芯），与实芯焊丝气体保护焊的主要区别是作用焊丝的构造不同。焊接时，焊丝金属、母材金属和保护气体相互之间发生冶金作用，同时形成一层较薄的液态熔渣包覆并覆盖熔池，对焊丝金属构成一层保护。实质上这是一种气渣联合保护的焊接方法，其原理如图 2-16 所示。

目前，药芯焊丝气体保护焊焊接不锈钢通常采用手工操作焊接方法，有时也可采用机械化焊接。保护气体一般采用 CO_2 气体，有时也采用在 CO_2 中添加少量的 Ar 气的混合气体。焊接设备与普通实芯焊丝 CO_2 焊相同。

药芯焊丝气保护焊接的焊接参数主要有焊接电流、电弧电压、焊接速度、焊丝伸出长度和保护气体流量。当其他条件不变的情况下，焊接电流与送丝速度成正比。

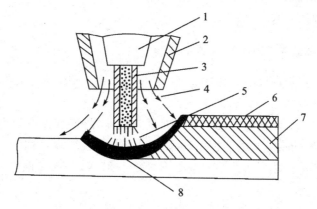

1—导电嘴；2—喷嘴；3—药芯焊丝；4—CO_2 气体；5—电弧；6—熔渣；7—焊缝；8—熔池

图 2-16　药芯焊丝气体保护焊示意图

2.6.2　工艺特点

药芯焊丝气体保护焊综合了焊条电弧焊和 CO_2 焊的工艺特点。

①由于药芯成分改变了纯 CO_2 电弧气氛的物理、化学性质，因而飞溅少，且颗粒细，易于消除；又因熔池表面覆盖有熔渣，焊缝成型比实芯焊丝美观。

②与实芯焊丝相比，通过调整药芯的成分，就可以焊接不同钢种，适应性强。

③对焊接电源无特殊要求，直流交流均可使用，平特性和陡降性都使用。因为药芯

成分能改变电弧特性。

④缩短加工时间。药芯焊丝飞溅小而少,不像实芯焊丝那么多飞溅,要花很多功夫清理。

⑤药芯焊丝焊缝质量高,机械性能好,不易产生咬边、裂纹、气孔等缺陷。其中咬边对于大壁厚母材,拘束性很大,焊接过程中和热处理后易产生裂纹。由于是气渣联合保护,药芯焊丝对焊接区表面的污染、油、锈、水分和现场的风速,没实芯焊丝那么敏感,不易产生气孔。

药芯焊丝气体保护焊的缺点:

①焊丝制造过程复杂。

②送丝较实心焊丝困难,需要采用降低送丝压力的送丝机构等。

③焊丝外表容易锈蚀,粉剂易吸潮,因此,需要对焊丝的保存严加管理。

2.6.3　药芯焊丝气体保护焊的应用

药芯焊丝电弧焊既可用于半自动焊,又可用于自动焊,但通常用于半自动焊。采用不同的焊丝和保护气体相配合可以进行平焊、仰焊和全位置焊。与普通熔化极气体保护焊相比,可采用较短的焊丝伸出长度和较大的焊接电流。与手工电弧焊相比,焊接角焊缝时可得到焊角尺寸较大的焊缝,这种焊接方法通常用于焊接碳钢、低碳合金钢、不锈钢和铸铁。由于上述特点,这种方法是焊接钢材时代替普通手弧焊实现自动化和半自动化焊接最有前途的焊接方法。

2.6.4　药芯焊丝电弧焊的安全操作技术

①药芯焊丝电弧焊焊接时,电弧温度为 8 000℃～10 000℃,电弧光辐射比手工电弧焊强,因此应加强防护。

②药芯焊丝电弧焊焊接时,飞溅较多,尤其是粗丝焊接(直径大于 1.6 mm),更会产生大颗粒飞溅,焊工应有完善的防护用具,防止人体灼伤。

③二氧化碳气体预热器所使用的电压不得高于 36 V,外壳接地可靠。工作结束时,立即切断电源和气源。

2.7　水下手工电弧焊

水下手工电弧焊常被应用于湿法水下焊接中。与普通陆地手工电弧焊相比,只是工作环境不同,水下工作使引弧难度增大,由于操作人员远离电源,线缆压降大,另外还要提高焊接电源的防水性。

2.7.1　水下湿法手工电弧焊焊接电源特性要求

焊接电源是获得稳定焊接过程和高质量焊缝的关键因素。对于水下湿法手工电弧焊而言,焊接电源的选型应注意考虑焊接电源的空载电压、焊接电压和防护等级等指标。

（1）空载电压

空载电压主要影响焊接引弧过程的引弧成功率。

在陆地上接触引弧进行焊接时，往往由于焊条端部的形状以及工具表面油污锈迹等问题导致引弧困难，触点处接触电阻大，难以击穿形成通路。陆上焊接遇到这种现象时，一般可以通过清理工件表面或者对焊条进行相应的处理得以解决。但在水下焊接时，这种处理将会变得比较困难。不仅如此，考虑到水的影响，不同的水温、水深等因素也使得引弧变得更困难，所以，需要较大的空载电压。

（2）焊接电压

焊接电压的输出能力也是一个主要指标。

在陆地上使用下降特性的电源进行焊接工作时，要保证电弧稳定燃烧，电源外特性与电弧特性存在交点。

水下焊接一般具有焊接电源远离施工地点的特点，例如在海上进行水下焊接修复时，焊接电源一般放在特定的船舱内，通过较长的焊接电缆连接工件和焊把处。在这种情况下，焊接电缆上的压降影响较大。表 2-4 为焊接电缆技术数据。

表 2-4　焊接电缆技术数据

导体标称截面（mm^2）	20℃导体最大电阻（Ω/km）
16	1.19
25	0.78
35	0.552
50	0.39
70	0.276
95	0.204

以 200 米长，截面面积为 95 mm^2 的电缆为例，通过查表 2-4 可知，该段电缆阻抗为 0.040 8 Ω。当焊接电流为 200 A 时，根据欧姆定律可知，电缆的压降为 8 V。除此之外，电缆连接点、焊接回路切断装置（如闸刀开关）以及工件接地处，由于所处的自然环境湿度大，易锈蚀，增加接触电阻以及由此引入的压降，所以为水下焊接用焊接电源进行选型时，若根据焊接工艺要求，需要保证一定的电弧电压，对于焊接电源而言，就要考虑在有压降的情况下，焊机能否输出足够的功率，满足焊接工艺要求。

如图 2-17 所示，为水下湿法手工电弧焊焊接时的焊接电源外特性曲线。在进行水下湿法手弧焊作业时，焊条产生大量保护气体氛围，电弧电压较高，所以，电源外特性曲线中的自热特性段，也就是图 2-17 中的 BC 段一般要求较高，至少达到 50 V，这要求焊机有较大的输出能力。如自然特性段电压较低，当焊接过程中

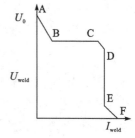

图 2-17　焊接电源外特性示意图

由于水流的影响或者焊工人为因素,将电弧拉长,电源的工作点容易从恒流段(DE 段)进入自热特性段,达不到稳定工作点,这就会增大断弧的可能性。

(3)防护等级

防护等级系统 IP(Ingress Protection)将电器依其防尘防湿气之特性加以分级。这里所指的外物是指工具、人的手指等均不可接触到电器内之带电部分,以免触电。IP 防护等级是由两个数字所组成,第 1 个数字表示防止外物侵入的等级,第 2 个数字表示防湿气、防水侵入的密闭程度,数字越大表示其防护等级越高。和普通焊机电源类似,水下焊接用焊接电源防止固体异物进入的防护等级为 2 级,即直径 12.5 mm 的球形物体试具不得完全进入壳内。对于水下焊接的应用场合,主要用在船舶、码头等潮湿环境中,相对于普通焊机,需要加强对防水性能的要求。防水等级需要 3 级以上,也就是至少要满足焊接电源机壳的各垂直面在 60°范围内淋水,无有害影响。综上,可选择两款电源进行测试。

图 2-18 所示为国外某型号下特性焊接电源,该电源有较高的空载电压(80 V)。而且,其自然特性段电压高于 50 V,电气特性基本符合湿法水下焊条电弧焊的要求。防护等级为 IP23S,能够适应船舶码头等工作场合。

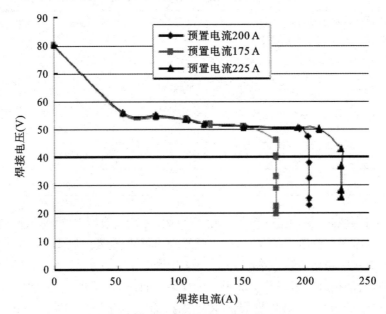

图 2-18 某型号进口焊接电源外特性曲线

图 2-19 为国内某型号下降特性焊接电源,该电源的特点是自然特性段电压很高,可达到 60 V 左右,较好地保证了焊接过程的稳定,避免了因为一些干扰因素导致的断弧现象。另外,虽然该款产品在空载时电压较低,为 50 V 左右,但实际上,在引弧过程中,电压仍然较高,也能基本满足引弧的要求。

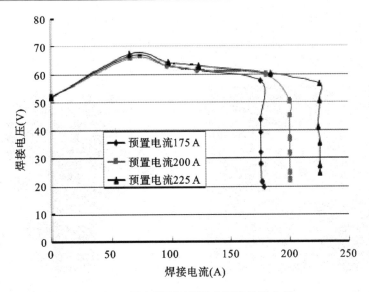

图 2-19　国产某型号焊接电源外特性曲线

2.7.2　焊接辅助设备

辅助设备主要是指水下通讯设备、焊接电源切断设备等。对于水下湿法焊接这种特殊焊接工艺来说,选择可靠的辅助设备,是进行安全、高效焊接作业的前提。

潜水作业有较大的危险性。潜水焊工在工作过程中,为了和陆地上的工作人员实时保持联系,需要有效而又可靠的通讯手段。常用的通讯工具有信号绳和水下电话,图 2-20 为水下电话。

信号绳是潜水焊工与水面工作人员之间传递约定信号的绳子,一般采用优质油麻或尼龙绳,每根约长 100 m。信号绳设备简单,但传递的信息有限。使用水下电话,潜水焊工在工作过程中遇到的各种状况可以及时通知陆上的工作人员,得到及时的处理。

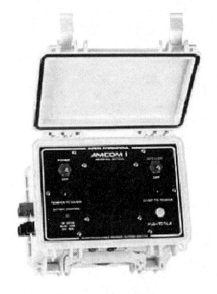

图 2-20　水下电话

从安全角度考虑,空载电压越高,对焊工的安全影响也就越大。但湿法水下焊接时,为了提高引弧性能,保证焊接质量,又不得不提高焊接电源的空载电压。为了解决这一矛盾,在水下焊接工作尚未准备好时,希望焊接电源没有输出,只有在做好充分的准备工作,焊条也位于焊缝处时,电源才有电流输出,迅速引燃电弧;当焊接操作结束时,潜水焊工应通知陆上的工作人员及时关断焊机的电源输出,避免焊接电压对操作人员人身安全造成影响。

根据国家规定,为了保护潜水焊工,在焊接回路中应设有可靠的用于切断电源的专用设备,可以随时强制切断电源,实践中常用的刀式开关如图 2-21 所示。该设备简单可靠,缺点是操作不够灵活,切断速度较慢。为了克服这一问题,我们可采用大功率继电器完成切断焊接回路的工作。选用的大功率继电器如图 2-22 所示。

图 2-21 焊接用刀式开关

图 2-22 大功率继电器

焊接用继电器技术数据如表 2-5 所示。

表 2-5 大功率继电器技术数据

触点额定电流	500 A
动作时间	≯300 ms
机械寿命	100 万次
电气寿命	2 万次
线圈电压	24 V
线圈消耗功率	<15 W

为了方便陆上工作人员工作,设计如图 2-23 所示简易电路。供电开关与指示灯固定到潜水电话附近,通过遥控电缆与控制继电器连接。这样,陆上的工作人员在听到潜水焊工供电的指令后,能够迅速响应。

综上所述,进行水下手工电弧焊时,选取的焊接电源能够克服焊接电缆过程导致的压降以及焊接过程中干扰因素导致的熄弧现象,引弧过程流畅是焊接的关键。另外水下焊接过程中保持水下通讯设备与保障系统工作正常,能够及时启动与关闭焊接电源输出,尽量确保水下焊工的人身安全。

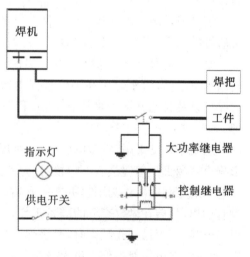

图 2-23 电气原理图

2.8　高压 TIG 焊接技术及其应用

电弧屏蔽原理及试验装置,采用小型气罩对焊接电弧进行屏蔽,其原理可以从图2-24中得到说明。从 TIG 脉枪喷出的 Ar 气,除了保护电极、熔池以及作为电离气体外,还起到形成空穴的作用,利用保护气体的动压将屏蔽罩正下方的水排出后,由于屏蔽层的限流作用,保护气体形成细小气泡均匀外逸,外界水则由于屏蔽层的阻挡作用而不能进入气罩内部。这样,当气罩内部气体压力与外界水压处于某一平衡状态时,便形成一个稳定的空穴。所形成的局部空穴可以抵抗电弧燃烧以及焊枪移动等过程所引起的扰动。从而改善水下焊接条件,使焊接过程能顺利进行并提高了水下焊缝的质量。

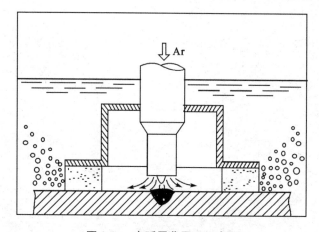

图 2-24　电弧屏蔽原理示意图

(1)压力对 TIG 焊接弧压的影响

压力对 TIG 焊的重要影响是增加弧压。弧压分成"下降沿"和"柱状"两个部分,压力对"下降沿"部分影响很小,对"柱状"部分有显著影响,其遵循的规律是电场强度与绝对压力的平方根成正比。这就要求焊接电源必须能够提供一定的弧压裕量,才能维持一定的工作电弧长度。用方程表达为

$$U_{ABC} = 9 + 318.3 El \sqrt{P} \tag{2-2}$$

其中,U_{ABC} 是弧压,V;E 是 1.01×10^5 Pa 时的电场强度,V/m;P 是绝对压力,Pa;l 是电弧长度,mm。当 TIG 焊的电流位于正常范围内时,弧压仅仅受到工作电流或多或少的影响。

(2)压力对 TIG 焊接效率的影响

焊接效率是传递到工件的功率与电源总功率的比值。对于 TIG 焊,焊接效率从 $P = 1.01 \times 10^5$ Pa 时的 90% 下降到 $P = 6 \times 10^2$ kPa 时的 70%,而 $P = 8 \times 10^2$ kPa 时又恢复到 75%,之后基本保持恒定。对于恒定的工作电流,弧压随水深增加的速度比焊接效率下降快。大约 300 m 水深时,TIG 焊的熔敷效率与 MMA 相当。正如陆地上焊接,通过向富含氩气的屏蔽气体中增加氦气来提高熔敷效率,但是,过度增加氦气会导致电腐蚀。

（3）压力对 TIG 焊接电弧稳定性的影响

20 世纪 80 年代的研究表明，随着环境压力增加，TIG 焊电弧稳定性降低，即电弧围绕钨极根部随机波动。不稳定程度与屏蔽气体的大量流动相关，这是钨极尖端的空气动力学效应与电弧周围的漂浮效应共同作用的结果。研究表明，高压 TIG 焊的工作深度极限大致是 500 m。

（4）高压 TIG 焊接系统总体设计

高压 TIG 焊接试验装置如图 2-25 所示。根据美国 API 有关规范的要求，干式舱内只提供 36 V 低压电，按照"水下干式管道维修系统"干式舱总体设计方案需将研制的焊接系统设备分开放置，即高压焊接电源及其控制计算机、保护气瓶放置在支持母船上，轨道焊机及其控制器、送丝机放置在干式舱内，二者之间通过长 100 m 的焊接专用胶带相连，如图 2-26 所示。

图 2-25　高压 TIG 焊接试验装置

焊接专用脐带传送焊接过程所需要的电力、气体和控制信号，并将有关的焊接数据传输到焊接电源控制计算机。具体的连接是：将从焊接专用脐带引出的焊接电缆正负极分别与管道、TIG 焊枪相连，保护气缆与 TIG 焊枪喷嘴相连，焊接电流、弧压以及轨道焊机位置信号反馈给焊接电源控制计算机，焊接电源控制计算机发送的送丝控制信号与送丝机相连。焊接电源控制计算机根据采集的弧压，通过判断和计算，发送控制信号，该控制信号传输给轨道焊机控制器，由轨道焊机控制器发出焊枪高度调节指令，从而完成脉冲 TIG 焊接 AVC 控制。

干式舱内的焊接由舱内潜水员使用轨道自动焊机完成。潜水员不直接控制焊接电源，而是通过声讯系统与支持母船上的焊接监督工程师实现信息交流，焊接监督工程师掌握焊接过程信息的另一个重要手段是参考焊接电源控制计算机上显示的焊接电流、弧压以及轨道焊机位置信号。

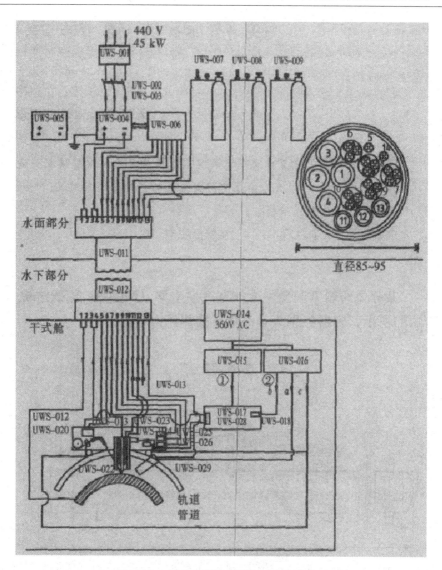

图 2-26　水下干式高压焊接设计系统总图

2.9　水下高压 MIG 焊接

　　MIG 焊具备低氢、高熔敷率、自动化等优点，从 20 世纪末以来，随着焊接电源控制技术的发展成为具备深水应用前景的电弧焊接方法。Cranfield University 的研究人员利用高压焊接试验装置 Hypei Weld 250 采用连续送丝、脉冲电流工艺，实现了 25 MPa 压力（即相当于 250 m 水深）的 MIG 焊接，并且对焊接电弧、熔滴过渡、焊接熔池等进行了深入的研究。

　　研究表明，对于高压 MIG 焊接熔滴过渡形式，当压力大于常压之后，弧柱因为热量损失增加而收缩，同时弧根也收缩，导致电极端头电子发射区域迁移到熔滴表面，弧柱与熔滴、熔池之间的电流密度增加,初始反向等离子流强度增加,该反向等离子流阻碍熔滴过渡,实际上,当压力增加至 1.2 MPa 时,正常的射流过渡不可避免地转变为旋转过渡,造成飞溅和焊接过程的不稳定,如图 2-27。为此 Cranfield University 的策略一是采用控制性能非常优良的恒压—恒流混杂脉冲 MIG 焊接电源,二是将弧长控制在很小的长度,典型的平均值≤1 mm,实现了 2 500 m 水深条件之下的 MIG 焊接。但是,焊接过程只是大致稳定,而且因为弧长非常短,实际的熔滴过渡过程是短路过渡和射流过渡的混合过渡,所以焊接过程的稳定性不够理性,而且对于实际作业而言,如此精确的弧长以及控制的实现也是比较困难的。

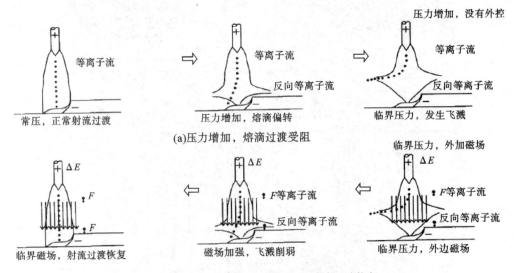

图 2-27　熔滴过渡阻碍作用及其磁控消除原理

　　显然,高压环境下反向等离子流对于等离子流的阻碍是 MIG 焊接熔滴过渡的首要问题,Cranfield University 将弧长控制在如此小的长度是一种被动适应策略。实际上可以考虑引入外加因素来加强等离子流、抑制反向等离子流,将受到阻碍的金属熔滴过渡回复成为正常的射流过渡,从而显著降低高压环境之下对 MIG 焊接电源性能、焊接参数控制的要求。外加纵向磁场作用下弧柱电场强度和能量密度的增加,以及电弧挺度和拘束作用的加强等能够抑制 CO_2 焊接的飞溅。而对于高压 MIG 焊接,北京石油化工学院水下焊接研究组提出可以采用外加纵向磁场促进熔滴过渡,其原理如图 2-27 所示,外加纵向磁场将促使弧柱电场强度增加,增加的电场强度将加强等离子流、抑制反向等离子流,从而通过调节磁场强度,可以实现高压环境之下的熔滴正常过渡。此外,外加纵向磁场对熔池的搅拌作用还能够极大地改善焊接质量。

　　高压脉冲 MIG 焊接熔滴过渡纵向磁场控制试验系统如图 2-28 所示。电磁线圈安装在焊枪上,通过微压传感器测量等离子流与反向等离子流的差值,并通过安装在承压套筒之内的高速摄像机拍摄熔滴过渡照片。纵向磁场、高速摄像均与电流信号同步,只在峰值电流作用期间磁场才起作用,通过调节磁场强度实现高压作用之下的熔滴过渡。

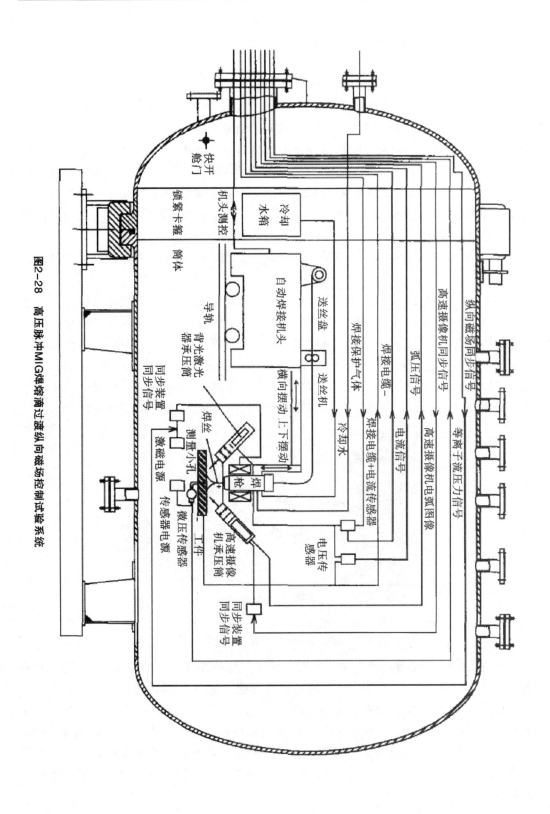

图2-28　高压脉冲MIG焊熔滴过渡纵向磁场控制试验系统

2.10 深水摩擦叠焊修复

"摩擦叠焊"是北京石油化工学院水下焊接研究组对 Friction Stitch Welding 的中文命名,该技术是 TWI 于 1992 年发明的,是以海洋平台和海底管道修复为主要目的的一种固相焊接方法,其原理如图 2-29 所示。将一系列螺柱塞入一系列相应的预钻焊孔之中,从而叠合搭接、缝合(Stitch)形成完整焊缝进行裂纹修复,其基本单元过程为 FHPP(Friction Hydro Pillar Processing)。因为摩擦叠焊是将一系列螺柱塞入预钻焊孔旋转焊接、顺次重复缝合成为完整焊缝,所以可以适应很大的厚度,这种方法对于壁厚较大的海洋平台和海底管道的修复具有很大的技术优势,是其他摩擦焊接新技术,例如搅拌摩擦焊接难以比拟的。

近 10 年来,摩擦叠焊成为水下修复研究的重点,以下是最能反映摩擦叠焊国外研究现状的两个项目。

1997 年 6 月至 2000 年 5 月,欧盟 Brite-Eu-Ram ROBHAZ 水下机器人焊接修复系统项目,旨在研制开发一套基于电动机器人和摩擦叠焊摩擦主轴头的无人操作钢结构水下裂纹修复系统,如图 2-29 所示。项目参加单位包括德国 GKSS 研究中心、英国国家高压研究中心(NHC)、英国 Circle Technical Service 公司、英国 Stolt Offshore Ltd、瑞典 NEOS Robotics 等 7 家单位,其中 GKSS 牵头制定焊接参数,NHC 提供相关水下技术,Circle Technical Service 提供摩擦焊接设备,NEOS Robotics 提供摩擦主轴头操作机器人。

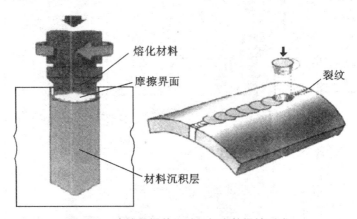

熔化材料
摩擦界面
裂纹
材料沉积层

图 2-29 摩擦叠焊单元过程与完整焊缝形成

与电弧焊接不同,摩擦叠焊是一种在机械力和摩擦热作用下的固相连接方法,主轴头承受的载荷通常达到几吨,所以,要求机器人有很大的刚度,而传统的机器人是串联结构,刚度不能满足要求。此时,20 世纪制造技术的另一项重要发明并联机器人发挥了重要作用,其中瑞典 NEOS Robotics 的 Tricept 并联机器人是使用最为广泛的,例如 GKSS 承担的该项目使用了 Tricept600 并联机器人。图 2-30 所示的无人钢结构裂纹三维模型之中,水下遥控机器人 ROV 携带 Tricept600 并联机器人,后者安装了摩擦主轴头进行裂纹修复。

图 2-30　欧盟水下修复项目 Brite-Euram ROBHAZ

1998 年 12 月至 2001 年 8 月,欧盟 THERMIE Stitchpipe 深水油气管道修复用的摩擦叠焊系统样机项目,由 Stolt Offshore Ltd.、NHC 和 GKSS 联合开发,GKSS 承担焊接工艺参数的评估工作,Stolt Offshore Ltd 负责研制焊头及其配套机械设备并将其结合到MATIS 框架上,见图 2-31。北京石油化工学院水下焊接研究组与中国搅拌摩擦焊中心合作设计的水下摩擦叠焊试验装置方案如图 2-32 所示,该装置主要由摩擦主轴头、工装、液压系统、电控系统组成,能够完成钢结构件钻孔、摩擦叠焊,摩擦主轴头与工装可以适应水下环境焊接。摩擦主轴头轴向力＞2 t,最大转速为 4 700 r/min,最大扭矩为 50 N·m,工件材料为合金钢,厚度为 15～25 mm,采用的螺柱直径为 10～20 mm,可以实现 500 mm×300 mm 钢板对接,也可以实现长度为 250 mm 的两段钢管的环缝对接。电控系统人机界面能够显示和控制焊接压力、旋转速度和插入速度等工艺参数。

图 2-31　欧盟水下修复项目 THERM IE Stitchpipe

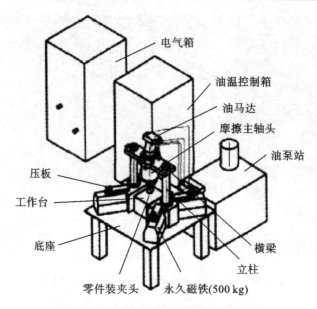

图 2-32　水下摩擦叠焊试验装置方案图

2.11　海洋平台桩管预制对接自动焊接技术

在海洋固定平台的建造中,一般需要打导管桩,在海底管道系统的施工中,一般需要打平台立管独立桩和登陆立管独立桩,在其他海洋工程建设项目的施工中,也经常需要打独立桩。海上平台的钢管桩具有桩径大、桩数多、桩身长的突出特点,在海上进行桩管施工是海洋平台建造和安装中不可缺少的工序。海上桩管焊接一般采用手工焊接,为提高海上桩管焊接效率和自动化水平,针对海上桩管施工的特点及其面临的实际问题,设计了海上桩管自动焊接机,并在实际工程中应用。

2.11.1　海上桩管自动焊方法选择

在焊接生产中,对于焊接方法及焊接设备的选择主要是从两个方面考虑,一是根据被焊工件的使用要求制定焊接质量标准,二是在满足焊接质量标准的前提下根据焊接工艺、设备的效率/费用比选择合适的焊接工艺和设备,最大限度地提高焊接效率。

海上桩管焊接对于焊接质量的要求是比较高的,就焊接方法而言可以采用手工电弧焊、自动埋弧横焊或熔化极惰性气体(CO_2、MAG、MIG)保护自动焊接。手工电弧焊质量受人为因素影响严重,对焊工的个人技术水平要求很高,相对于自动焊接其焊接效率低下,因此可不予考虑。自动埋弧横焊目前在大型储罐焊接中应用比较普遍,其优点是焊接质量好、焊接效率比较高、焊接时基本不受风力影响等。但是也有一些明显的缺点,在横焊过程中,受重力的影响熔滴下垂现象比较严重,为保证焊缝成型质量,焊接熔池较小,埋弧自动焊接的效率不能充分发挥;埋弧焊清渣需要的时间比较长,如清渣不干净将严重影响焊接质量;由于桩管安装时对海平面有一定的倾斜角度(大约10°),在焊接过程中焊剂填充困难,影响焊接质量;海上焊接时焊剂容易受潮影响焊接质量。

熔化极惰性气体(CO_2、MAG、MIG)保护自动焊接目前在石油、天然气的管道工程中得到了广泛应用,焊接质量完全能够满足桩管焊接的要求。其主要优点是熔化极惰性气体(CO_2、MAG、MIG)保护自动焊接具有较高的焊接质量和焊接效率,在焊接平板工件时如采用 $\varphi 1.6$ mm 焊丝时其熔敷率理论上可达 12～13 kg/h,在横焊时由于熔池受重力的影响有比较严重的下垂现象而不能采用大规范焊接,但熔敷率仍可达到 9 kg/h 左右。熔化极惰性气体(CO_2、MAG、MIG)保护自动焊接的焊接电源、控制系统、焊接小车的体积都比较小,每个熔池的热输入量都不是很大,在较小直径的工件上可方便地实现多丝多熔池的方式焊接,大幅度地提高焊接效率。熔化极惰性气体(CO_2、MAG、MIG)保护自动焊接可以方便地观察到焊接电弧的形态、焊道成型质量,在焊接工位发生变化、焊炬对中不准时可对焊接参数、焊炬位置进行实时控制,以确保焊接质量。

2.11.2　海上桩管自动焊接机硬件设计

海上桩管自动焊接机由计算机自动控制系统、焊接电源、焊接小车、抗风防护焊炬和导环等构成,如图 2-33 所示。其适用于管外径大于 1 000 mm 的管/管环缝的全位置自动焊接。抗风防护焊炬采用双层气流保护的方式,在外层气罩中通过压缩空气或惰性气体。

焊接小车是"海上桩管自动焊接机"的一个组件,它与合适尺寸的导环、自动控制系统及焊接电源连接,在被焊工件外径尺寸 1 000 mm 以上、壁厚 20～45 mm 的范围内实

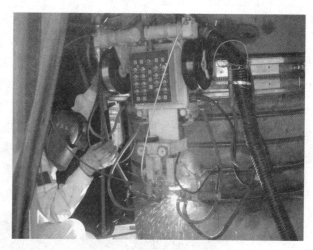

图 2-33　海上桩管自动焊接机

现全位置自动焊接,可以得到高质量的焊缝。焊接小车主要包括行走电机及减速器、焊炬高度自动调节电机及升降机构、横向调节电机及滑动支撑机构、焊炬摆动电机、安装焊炬的接口、控制线接线板、双层保护气接口和送丝机构等。

小车可在所有位置进行匀速运动,确保管道在垂直、水平及任意角度倾斜时小车均能稳定行走,无跳动现象,停机后无任何方向的位移。小车与导环各啮合部分保证啮合紧密,构成一个可靠的齿轮啮合结构。导环是具有定位插口接头固件的柔性结构,采用 130 mm×3.6 mm 的钢板制作,侧面传动齿模数 0.5,标准直径系列间距 50 mm,进行表面处理以增加其抗腐蚀及耐磨性能,双排支撑螺栓,使导环固定安装及调整方便,容易操作。在固定导环时,不得因紧固承载螺栓而使导环产生位移。

送丝机安装在焊接小车的合适位置,焊丝盘可用调整套装在送丝机上,送丝轮保证拆卸方便,换丝简捷。其压紧机构标明刻度,操作简便,保证在送丝时不打滑,不使焊丝

变形,基本装丝量为 5 kg,具有脉动送丝功能。焊炬高度手动/自动调整,使焊炬组件在焊缝径向平面内平行移动,以便在整个焊接过程保持相同的焊炬高度(与被焊工件表面)。手动调整是采用手轮、丝杠调节方式,光杠导向,调整范围 50 mm。自动调整是加装自动调节电机,由主机或手控盒控制焊炬高度。焊炬自动摆动以垂直于焊缝中心位置为摆动中点,在被焊工件径向做转角摆动,摆动的内外摆幅、摆动时间、两端点停留时间可分别调整,具有精密(定位及速度)反馈系统。

焊炬的横向自动调整保证焊炬在任何时候其中点位置均在焊缝中心,通过手控盒控制电机调整。焊炬具有快速安装接口,并与小车绝缘,可快速安装在小车的焊炬调整机构上。焊炬横向摆动功能保证焊炬在不同的焊接工位均能按工艺要求摆动,并在远控盒上设有摆动参数调节器。焊炬机构固定时的机械位置左右都能变化 90°以上,并有位置标志和保证复位准确。焊炬具有双层保护气罩,外层保护气体保证在焊炬附近形成局部惰性气体高压区,该高压区必须能够保证在一定的风力条件下有效地隔绝空气,使内层保护气有效地保护焊接电弧及焊道。

2.11.3 海上桩管自动焊接机控制系统

该系统采用分布式计算机控制系统控制,主机采用低功耗触摸屏式人机界面系统,各从机采用 PLC 控制系统,可对所有影响焊接质量的电参数进行编程及对其焊接过程实时控制,如图 2-34 所示,具有如下功能:行走速度的自动控制,送丝自动控制,横向调整控制,焊炬摆动控制,保护气体控制,焊接电源及焊接电流、焊接电压的输出波形控制,焊接参数的程序控制(包括焊接参数的分区控制),手控盒对焊接参数的控制,各计算机间的通讯,焊接参数存储功能(100 组),多焊接系统同步控制(三丝或四丝)和其他辅助功能控制。

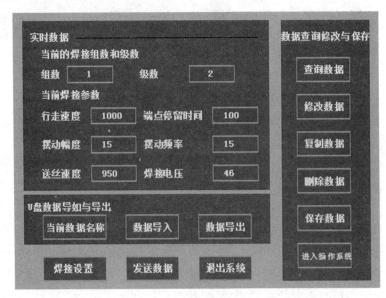

图 2-34 海上桩管自动焊接机控制界面

2.11.4　海上桩管自动焊接机应用

进行海上施工,首先打桩机将第一段桩管打入海底,在离该段桩管顶面约 1 m 处,焊上临时操作平台,如图 2-35 所示,焊接工人在其上完成桩管的组对和焊接,焊好后继续打桩,直到把桩管打到设计深度为止。采用传统手工电弧焊工艺,4 名焊工站在临时平台上,完成一个直径 1 200 mm,厚度 20 mm 桩管的焊接,需要连续工作 5～7 h,劳动强度大,焊接质量难以保证。为提高海上桩管焊接施工效率和焊接质量,采用海上桩管自动焊接机,焊接工艺参数包括焊接电流 180～200 A,焊接速度 370 mm/min,电弧电压 27 V,焊炬摆动摆幅 5 mm,上停留时间 0.8～1.2 mm,下停留时间 0.1～0.3 mm,摆动速度 800 mm/min 左右,焊丝直径 1.2 mm,CO_2 气流量 15 L/min,海上桩管直径为 1 000～1 600 mm,壁厚为 20～45 mm,坡口角度为 45°,采取多层多道焊,如图 2-36 所示,海上桩管焊缝成型良好。管道自动焊接机在海上桩管焊接中的应用,解决了海上施工的桩管自动焊接难题,使桩管焊接由手工变为自动,降低了工人的劳动强度,提高了焊接效率和质量,为加快海洋平台建设作出贡献。

图 2-35　海上桩管的组对和焊接临时操作平台

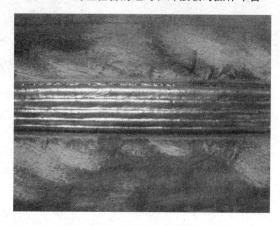

图 2-36 海上桩管多层多道焊缝

第 3 章　水下焊接技术

3.1　水下焊接技术概述

随着海洋石油的开发利用和潜水技术的发展,海底输油输气管线以及海洋工程结构的日益增多,水下焊接技术已成为海洋工程和水下管道组装和维修的关键性技术。水下焊接由于水的存在,使焊接过程变得更加复杂,并且会出现各种各样陆地焊接所未遇到的问题,目前,世界各国正在应用和研究的水下焊接方法种类繁多,应用较成熟的是电弧焊。随着水下焊接技术的发展,除了常用的湿法水下焊接、局部干法水下焊接和干法水下焊接以外,又出现了一些新的水下焊接方法。但是,从各国海洋开发的前景来看,水下焊接的研究远远不能适应形势发展的需要。因此,加强这方面的研究,无论是对现在或将来,都将是一项非常有意义的工作。

图 3-1　水下管道修补

3.1.1　水下焊接技术的必要性

海洋工程结构因常年在海上工作,工作环境极为恶劣,除受到结构的工作载荷外,还要承受风暴、波浪、潮流引起的附加载荷以及海水腐蚀、砂流磨蚀、地震或寒冷地区冰流的侵袭。此外,石油天然气的易燃易爆性对结构也存在威胁。而且海洋工程结构的主要部分在水下,服役后焊接接头的检查和修补很困难,费用也高,一旦发生重大结构损伤或倾覆事故,将造成生命财产的严重损失。所以对海洋工程结构的设计制造、材料选择以及焊接施工等都有严格的质量要求。

因此,开展水下焊接技术的研究,加强对其应用,对于开发海洋事业,开采海底油田,使丰富的海洋资源为人类服务,具有重要的现实意义。目前,水下焊接技术已广泛用于海洋工程结构、海底管线、船舶、船坞港口设施、江河工程及核电厂维修。水下焊接已成为组装维修诸如采油平台、输油管线等大型海洋结构的关键技术之一。

3.1.2　水下焊接的发展历程

水下焊接至今已有近百年的历史,但其初期的发展是十分缓慢的。早在 1802 年,曾有人指出在水中可以引燃电弧。其后经过一个世纪的时间,到 1917 年,英国海军造船所采用水下电弧焊对船舶的铆接接缝及铆钉的漏水部分进行焊接止漏。1932 年 Khrenov 发明了厚药皮水下专用焊条,在焊条外表面涂有防水层,使水下焊接电弧的稳定性得到一定程度的改善。到第二次世界大战接近结束时,水下焊接技术在打捞沉船等方面已占有重要的地位。20 世纪 60 年代后期,随着海洋石油和天然气的开发,对海洋工程结构的疲劳、腐蚀或事故损伤迫切要求进行水下焊接修理,并要达到较好的焊接质量,为此,水下焊接成为了近海石油开采事业中不可缺少的工艺手段。这方面最早的报道是 1971 年 Humble 石油公司对墨西哥湾钻采平台的水下焊接修理工作。1958 年产生了第一批经过认可的潜水焊工,并制定了水深小于 100 m 的水下湿法焊接工艺。1987 年水下湿法焊接技术还在核电厂不锈钢管道的修理工作中得到应用。20 世纪 90 年代,由于要求修理的水下工程结构愈来愈多,而且船舶进行船坞修理的成本增加,进一步推动了湿法水下焊接技术的发展。

水下焊接技术在中国也一直受到重视和应用。早在 20 世纪 50 年代,水下湿法焊条电弧焊已得到应用。60 年代自行开发了水下专用焊条。从 70 年代起,华南理工大学等单位对水下焊条及其焊接冶金开展了大量的研究工作。70 年代后期哈尔滨焊接研究所在上海海难救助打捞局和天津石油勘探局的协助下,开发了水下局部排水 CO_2 气体保护焊接技术,简称 LD-CO_2 焊接法。该法属于局部干法焊接,特制的水下半自动焊枪能有效地排除焊接烟雾,使潜水焊工能清楚地观察焊接坡口的位置,有利于保障焊接质量。近 20 年来,采用 LD-CO_2 焊接法完成了多项水下施工任务。

3.1.3　水下焊接方法特点及其分类

(1)水下焊接的特点

水下环境使得水下焊接过程比陆上焊接过程复杂得多,除焊接技术外,还涉及潜水作业技术等诸多因素,水下焊接的特点如下。

1)可见度差。水对光的吸收、反射和折射等作用比空气强得多,因此,光在水中传播时减弱得很快。另外,焊接时电弧周围产生大量气泡和烟雾,使水下电弧的可见度非常低。在淤泥的海底和夹带泥沙的海域中进行水下焊接,水中可见度就更差了。长期以来,这种水下焊接基本属于盲焊,严重地影响了潜水焊工操作技术的发挥,这是造成水下焊接容易出现缺陷,焊接接头质量不高的重要原因之一。

2)焊缝含氢量高。氢是焊接的大敌,如果焊接中氢含量超过允许值,很容易引起裂纹,甚至导致结构的破坏。水下电弧会使其周围水产生热分解,导致溶解到焊缝中的氢增加,一般焊接中扩散氢含量 27～36 Lgög,为陆地酸性焊条焊接时的好几倍。水下焊条电弧焊的焊接接头品质差与氢含量高是分不开的。

3)冷却速度快。水下焊接时,海水的热传导系数较高,是空气的 20 倍左右。即使是淡水,其热传导系数也为空气的十几倍。若采用湿法或局部干法进行水下焊接时,被焊工件直接处于水中,水对焊缝的急冷效果明显,容易产生高硬度的淬硬组织。因此,只有采用干法焊接时,才能避免冷效应。

4)压力的影响。随着压力增加(水深每增加 10 m,压力增加约 0.1 MPa),电弧弧柱变细,焊道宽度变窄,焊缝高度增加,同时导电介质密度增加。这就增加了电离难度,电弧电压随之升高,电弧稳定性降低,飞溅和烟尘也增多。

5)连续作业难以实现。由于受水下环境的影响与限制,许多情况下不得不采用焊一段停一段的方法进行,因而产生焊缝不连续的现象。

(2)水下焊接方法分类

目前,世界各国正在应用和研究的水下焊接方法种类繁多,可以说,陆上生产应用的焊接技术,几乎都在水下尝试过,但比较成熟、应用较多的还是几种电弧焊。水下焊接一般依据焊接所处的环境大体上分为三类:湿法水下焊接、干法水下焊接和局部干法水下焊接。但随着水下焊接技术的发展,又出现了一些新的水下焊接方法:水下螺柱焊接、水下爆炸焊接、水下电子束焊接和水下铝热剂焊接等。

1)湿法水下焊接技术。

湿法水下焊接是潜水员在水环境中进行的焊接,如图 3-2 所示。水下能见度差,潜水焊工看不清焊接情况,会出现"盲焊"的现象,难以保证水下焊接质量。因此采用这类方法难以获得质量良好的焊接接头,尤其是焊接结构应用在较为重要的情况下,焊接的质量难以令人满意。但由于湿法水下焊接具有设备简单、成本低廉、操作灵活、适应性较强等优点,所以,近年来各国对这种方法仍在继续进行研究,特别是涂药焊条和手工电焊,在今后的一段时期还会得到进一步的应用。

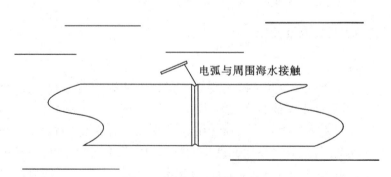

电弧与周围海水接触

图 3-2　湿法水下焊接示意图

湿法水下焊接在美国已得到广泛应用,对湿法水下焊接设计最有指导作用的是美国焊接学会的 AWS 标准(AWS D3.6)。现在湿法水下焊接中最常用的方法为焊条电弧焊和药芯焊丝电弧焊。在焊接时,潜水焊工要使用带防水涂料的焊条和为水下焊接专门设计或改制的焊钳。尽管湿法水下焊接已经取得了较大的进展,但到目前为止,应该说水深超过 100 m 的湿法水下焊接仍难得到较好的焊接接头,因此还不能用于焊接重要的海洋工程结构。但是,随着湿法水下焊接技术的发展,很多湿法水下焊接的问题在一定程度上正得到克服,如采用设计优良的焊条药皮及防水涂料等,加上严格的焊接工艺管理及认证,1991 年首次在北海对一个非主要结构杆件进行了湿法水下焊接,现在湿法水下焊接已在北海平台辅助构件的水下修理中得到成功应用。另外,湿法水下焊接技术也广泛用于海洋条件好的浅水区以及不要求承受高应力构件的焊接。目前,国际上应用湿法水下焊条以及湿法水下焊接技术最广的是墨西哥湾。墨西哥湾核反应堆供水起泡管的修复、Amoco Trinidad 石油公司的石油平台 78 m 深的水下焊补都采用了水下湿法焊接技术。该技术的研究对于我国渤海湾和辽东湾今后的海底管道修复、一些非关键性的构件的修复,如牺牲阳极的更换等,具有非常重要的现实意义。

湿法水下焊接的电弧实际上是在电弧气泡中燃烧的。水下焊接时电弧周围能否形成一定大小、稳定的电弧气泡是水下焊接成功的首要条件。电弧气泡中的气体主要是由水蒸气高温解离形成的氢和氧、焊条药皮中燃烧分解的 CO 和 CO_2 所组成。普通酸性及碱性焊条用于水下焊时形成的电弧气泡成分如表 3-1 所示。

表 3-1　普通焊条电弧气泡气体构成(体积百分数)

焊条类型	H_2	CO	CO_2	其他
J422(E4303)	45～50	40～45	5～10	<5
J507(E5015)	20～30	50～55	20～25	<5

随着水下焊接水深的增加,形成电弧气泡的体积因受到压缩而逐渐变小,而过少的电弧气泡导致焊缝金属气孔倾向增加。当电弧气泡变得足够少时,电弧极易熄灭使焊接过程无法顺利进行。电弧气泡形成后的长大应满足以下物理条件:

$$p_g \geqslant p_a + p_h + p_s \tag{3-1}$$

式中,p_g 为气泡内部的压力;p_a 为大气压力;p_h 为气泡周围的静水压力;p_s 为气泡表面张力引起的附加压力。

在陆地焊接时,p_h 近于零;而在水下焊接时,p_h 随水深的增加而增大;p_a 和 p_s 可以看作不受水深的影响。故要使焊接顺利进行,只有增大 p_g。增大 p_g 的途径之一是增加电弧温度,这可通过调整焊接电流来实现,这是由于较高的电弧温度能解离足够的氢和氧;二是提高焊条药皮的造气功能,使焊条药皮燃烧时能生成更多 CO_2、CO 气体。但电弧气泡中氢的比例过大将导致两种与氢有关缺陷的生成:一是焊缝中气孔的倾向增加,二是焊缝金属及热影响区氢致裂纹敏感性增大。因此,在设计配方时既要保证电弧气泡有足够的压力,又要设法降低电弧气泡中氢的比例。在药皮中加入适量的 CaF_2 和 SiO_2 可以实现这一目的。因为:

$$SiO_2+2CaF_2+3[H]=2CaO+SiF+3HF \tag{3-2}$$

或 $\quad SiO_2+2CaF_2=2CaO+SiF_4 \quad CaF_2+H_2O(气)=CaO+2HF$

化学冶金反应产物 CaO、SiF 或 SiF_4 与其他反应产物 MnO、SiO_2 及起稀渣作用的 TiO_2 等浮出熔池进入熔渣，HF 气体对焊缝金属无有害作用并同样起着增加电弧气泡压力的作用。水下焊接氢致裂纹敏感性比陆地焊接要高，这是由于水对工件的强烈冷却作用致使低碳钢的焊接热影响区都能发生相变而产生马氏体。当钢中碳当量超过 0.4% 时，热影响区的维氏硬度可超过 400，同时焊接过程中如果氢气含量高，一旦焊缝吸氢较多，在焊接热应力和相变应力的作用下容易引起氢致裂纹的产生。可见，降低电弧气泡中氢的比例是非常必要的。

在高压舱内进行了不同水深的水下湿法药芯焊丝焊接（FCAW）试验，以电弧电压差异系数的倒数作为衡量电弧稳定性的指标，分析了不同水深条件下电弧电压与焊接电流之间的相关性对电弧稳定性的影响，并从送丝熔化系统的角度探讨了电压与电流的相关性对电弧稳定性的影响规律；利用二次函数拟合电弧稳定性指标与电弧电压之间的关系，得到最佳的电压与电流关系。结果表明：最佳的水下湿法 FCAW 的电压与电流关系曲线呈上升的变化特性，随着水深增加，FCAW 需要更高的电弧电压；水下湿法 FCAW 的电弧稳定性取决于电压与电流的相关性，而并非简单地随着水深的增加而下降；水深对电弧稳定性的影响主要表现在电压与电流相关性的不同：随着水深增加，相同焊接电流所需的电弧电压相应地增大。

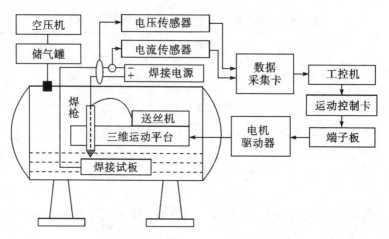

图 3-3　高压舱水下湿法 FCAW 及焊接电信号采集系统

图 3-4 所示为不同水深条件下最佳的电压与电流关系曲线。可见，电压与电流关系曲线呈现出上升的变化特征，并随着水深的增加，所需的焊接电压升高，这也说明陆上的经验公式 $U=0.05I+14$ 不适用于水下湿法焊接。

水深对电弧的稳定性会造成影响，但这种影响不一定都是负面的，即电弧稳定性并非简单地随着水深的增加而降低。图 3-5 所示为 $U=33\ V$ 时水深对电弧电压差异系数倒数的影响。可以看出，当 $I=200\ A$ 时，电弧稳定性随着水深的增加而增强；当 $I=250$、$300\ A$ 时，电弧稳定性随着水深的增加先增加而后降低；而当 $I=350\ A$ 时，电弧稳定性随着水深的增加而降低。这是因为比起水深对电弧稳定性的影响,电压与电流的相关性对电弧稳定性的影响更为重要,水下焊接电弧稳定性主要取决于电压与电流的相关性。水深对电弧稳定性的影响主要表现在电压与电流相关曲线的不同。

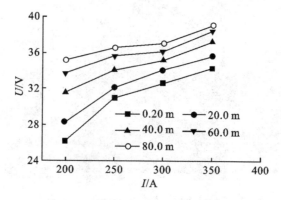

图 3-4 不同水深条件下最佳电压与电流关系曲线

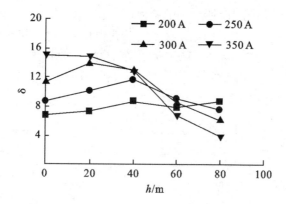

图 3-5 水深对电弧电压差异系数倒数 δ 的影响

2) 干法水下焊接技术。

干法水下焊接是用气体将焊接部位周围的水排除,而潜水焊工处于完全干燥或半干燥的条件下进行焊接的方法。进行干法水下焊接时,需要设计和制造复杂的压力舱或工作室。根据压力舱或工作室内压力不同,干法水下焊接又可分为高压干法水下焊接和常压干法水下焊接。

目前,致力于海洋开发的国家或大公司都建有高压模拟试验装置。例如巴西 CENPES 中心的水下高压焊接舱,挪威 SINTEF 建立的舱内无人高压干法水下焊接模拟试验装置以及英国 Cranfield 大学海洋工程中心于 1990 年初研制的模拟 2 500 m 水深的舱内无人高压干法水下焊接试验装置 Hyper-weld250。在过去的几年里,Cranfield 大学焊接工程研究中心已经将自动焊接技术应用于水深 2 500 m(压力相当于 250 bar)条件下的深水焊接。图 3-6 所示为英国 Cranfield 大学的 Hyper-weld250 模拟试验舱。

图 3-6　英国 Cranfield 大学的 Hyper-weld250 模拟试验舱

　　高压干法水下焊接如图 3-7 所示。随着海底焊接工程的增多、海底工程深度的加大和对焊接质量要求的提高,高压干法水下焊接以其焊接质量高、接头性能好等优点越来越受到重视。由于湿法水下焊接与局部干法水下焊接,一般只用于几米至几十米水深的非重要结构物修复,实际应用水深通常不超过 40 m。为了适应海洋工程向深海发展的形势,许多国家加大了对高压干法水下焊接技术的研究与应用。

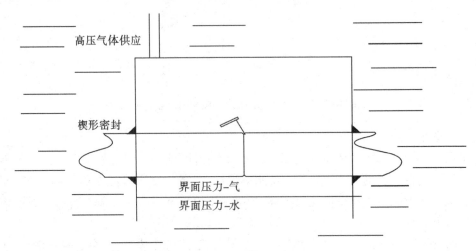

图 3-7　高压干法水下焊接示意图

　　目前国外用于水下维修作业的,多采用高压轨道 TIG 焊系统进行,较为知名的操作系统有 PRS 系统和 OTTO 系统。PRS 系统由挪威的 Statoil 公司组织开发,该系统设计目标是能从事 1 000 m 水深的焊接,在 334 m 水深成功地进行了管道焊接,焊缝-30℃的冲击功达到 300 J,焊缝的显微硬度低于 245 HV,该系统迄今为止已经成功完成 20 多处水下管道维修任务。英国的 OTTO 系统主要由焊接舱和轨道 TIG 焊机组成,试验表明,135 m 水深的焊缝-10℃冲击功达到 180 J 时,断裂强度达到 550 MPa。该套系统曾在海底连续工作过 4 周,累计完成了 18 处焊缝,焊接程序和质量获得了挪威劳氏船级社的认证。我国于 2002 年 10 月将水下干式高压焊接技术规划为国家 863 计划重大专项"渤海大油田勘探开发关键技术"中的一个重要组成部分,该项目由北京石油化工学院负责。目前,已设计并建立了国内第一个高压焊接实验室,设有高压焊接试验舱,可以进行不同压力等级的焊接试验和研究,随后开始按年度计划进行高压焊接工艺试验和工艺评定。

高压干法焊接由美国于 1954 年首先提出,1966 年开始用于生产,可焊接直径 508 mm、813 mm 及 914 mm 的海底管线,目前最大实用水深为 300 m 左右。在该焊接方法中,气室底部是开口的,通入气压稍大于工作水深压力的气体,把气室内的水从底部开口处排出。焊接是在干的气室中进行的,一般采用焊条电弧焊或惰性气体保护电弧焊等方法进行,是当前水下焊接中质量最好的方法之一,基本上可达到陆上焊缝的水平,但也存在如下三个问题:

①因为气室往往受到工程结构形状、尺寸和位置的限制,局限性较大,适应性较小,目前仅用于海底管线等形状简单、规则结构的焊接。

②必须配有一套生命维持、湿度调节、监控、照明、安全保障、通信联络等系统,用以辅助工作时间长,水面支持队伍庞大,施工成本较高的特性。例如,美国 TDS 公司的一套可焊接直径 813 mm 管线的焊接装置(MOD-1)价值高达 200 万美元。

③同样存在"压力影响"这个问题。在深水下进行焊接,随着电弧周围气体压力的增加,焊接电弧特性、冶金特性及焊接工艺特性都要受到不同程度的影响。因此,要认真研究气体压力对焊接过程的影响,才能获得优质焊缝。

高压焊接试验舱的封闭结构特征为电弧声信号在舱内低噪声传播创造了条件。在对传声器校准的基础上,建立了同步采集硬件系统,同步采集不同环境压力下脉冲 MIG 焊接的电流、电压和电弧声信号,并在时域和频域上分析了不同环境压力下的电弧声信号,研究电弧声信号特征与高气压环境下脉冲 MIG 焊接过程的相关性。结果表明,电弧声信号可以反映不同环境压力下脉冲 MIG 焊接的稳定性以及高压环境焊接过程的电弧能量损失。

高压干法水下脉冲 MIG 焊接过程中,在其他焊接参数不变的情况下,随着环境压力的增大,焊接电流、电压波形以及电弧声信号波形由规则的周期性逐渐变得紊乱;电弧声声压随着环境压力升高而降低;电弧声 FFT 频谱图由集中变得分散,电弧燃烧紊乱,熔滴过渡变得不均匀,出现多脉一滴甚至短路过渡,焊接过程也愈发不稳定。由于具有上述的对应关系和规律,因此电弧声信号可以作为判断不同环境压力下焊接过程稳定与否的衡量标准。

常压干法焊接是指在深水下焊工仍然与在陆地一样的气压环境中进行焊接,排除了水深的影响,完全保证了焊接质量,其示意如图 3-9 所示。1977 年,法国 LPS 公司首次采用常压干法焊接技术在北海水深 150 m 处成功地实现了直径 426 mm 的海底管线的焊接。但其设备造价比高压干法水下焊接还要昂贵,焊接辅助人员更多,所以一般只用于深水且非常重要的结构焊接。

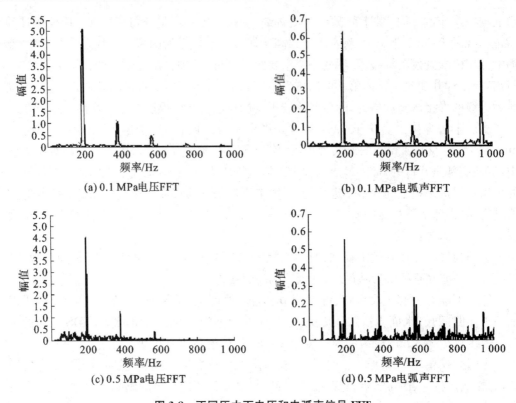

(a) 0.1 MPa电压FFT

(b) 0.1 MPa电弧声FFT

(c) 0.5 MPa电压FFT

(d) 0.5 MPa电弧声FFT

图 3-8 不同压力下电压和电弧声信号 FFT

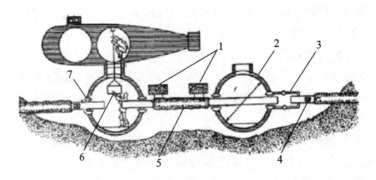

1—浮箱；2—常压仓；3—液压测力计；4—装配塞；5—新管子；6—调整短管；7—密封卡环

图 3-9 常压焊接原理示意

常压干法焊接是在密封的压力舱中进行，压力舱内的压力与地面的大气压相等，与压力舱外的环境水压无关，如图 3-10 所示。实际上这种焊接方式既不受水深的影响，也不受水的作用，焊接过程和焊接质量与陆上焊接时一样。但常压焊接系统在海洋工程中的应用很少，其主要原因是，焊接舱在结构物或者管道上的密封性和焊接舱内的压力很难保证。巴西石油公司曾与 Lockheed 石油公司联合开发的该类操作系统在亚马孙盆地进行了应用。常压干法焊接设备造价比高压干法水下焊接还要昂贵，焊接辅助人员也更多，所以一般只用于深水焊接重要结构。此方法的最大优点就是可有效地排除水对焊接过程的影响，其施焊条件完全和陆地焊接时的一样，因此其焊接质量也最有保证。

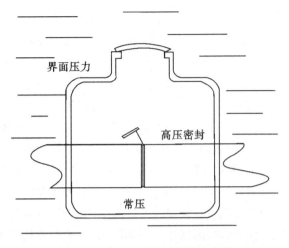

图 3-10　常压干法水下焊接示意图

常压干法水下焊接接的一种特殊情况是在浅海水域使用围堰的方式。波浪、潮汐以及较大的水深变化,使得浅水区域工作环境很不稳定。有些公司通过采用配备梯子的桶性结构将焊接舱连接到水面,形成常压工作环境来解决问题,从而实现常压焊接,如图 3-11 所示。该施工环境的压差很小,可以找到有效的密封方法。虽然需要考虑通风和安全程序,但该技术在某些特殊应用中已经被证明是实用的,特别适用于滩涂地区海洋工程结构的维修。

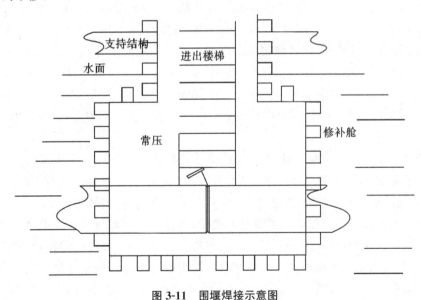

图 3-11　围堰焊接示意图

3)局部干法水下焊接技术。

局部干法水下焊接技术是利用气体使焊接局部区域的水人为地被排开,形成一个局部干的气室进行焊接。焊接时电弧稳定,焊接质量明显提高。目前,近海工程钢结构焊接的方法是局部排水熔化极气体保护焊。干点式水下焊接是由美国首先提出来的,后由美英跨国公司用于生产。它有一个可移动的手提式小型圆筒形气室,一端封闭,另一端开口能按照焊接区的几何形状加一柔性密封的垫环。气保护焊枪固定在柔软的颈上并且伸入到可移动的圆筒形气室内。气室压紧在工件焊接区上,将具有一定压力的保护气体通入气室内,起到排开水(迫使气室内的水经过半密封垫环排出)和保护焊接的作用。潜水焊工手提带焊枪的圆筒形气室沿着焊缝移动进行焊接,这种干气室装置可适应水下全位置焊接,接头强度不低于母材,冷弯角可达 180°。据报道,在水深 29 m 处能焊出合格的焊缝,英国曾在水深 27 m 处进行焊接。此法曾用于北海大陆架挪威海域,修复遭受冬季风暴破坏的 Ekofisk 钻井平台的两根位于水深 7 m、直径 350 mm 的管子,焊后经磁粉探伤,没有发现缺陷。另外,还有局部干法大型气罩法水下焊接,其装置是一个可拆卸的大型透明气罩,把它安装或围绕在被焊的水下钢结构上,气罩下部是开口的,惰性保护气体通入气罩内排开水,保持焊接区域是干的,潜水焊工把焊枪从下面伸入,在干的环境里进行 MIG 焊接,焊接和检查工作结束后将气罩拆除,此法主要用于实芯焊丝或药芯焊丝进行气体保护半自动焊、钨极氩弧焊等。美国在水深 12 m 处用此法修复采油平台管径 406 mm 的立管,焊后经水压试验,符合要求。水下局部干法 MIG 焊接作为一种极有发展前途的水下焊接方法也得到了重视。通过对气体保护焊的基础理论进行研究,建立了相应的数学模型,设计了合适的喷嘴结构和气流速度,并探讨了水压、保护气体与工艺行为、电弧行为、熔敷率之间的关系。运用多普勒分速计测试分析了局部空穴的气流分布和相分布,研究了保护罩与热传输、压力的关系。在对辐流抽气机原理认识的基础上设计了一种新型排水罩,使得罩内焊接区气压下降,试验表明该排水罩形式下的焊缝性能达到了空气中的水平。王国荣等人研究了一种局部干法水下焊接技术,应用流体力学理论对排水罩进行计算和试验,确定了合理的排水罩结构和尺寸,进行了局部干法焊接试验。结果表明:该法的焊接冷却速度、焊接接头中的扩散氢含量和焊接 HAZ 区最高硬度值均比湿法的要低,得到的焊缝无气孔、裂纹和夹渣等缺陷;V 形坡口焊接接头的机械性能满足 API1004 和 ASMEN 等标准规定的要求。本方法操作容易、设备简单、成本低廉、接头质量比较满意。

清华大学进行了水下局部干法激光焊接的试验研究。选用 304 不锈钢作为母材,ULC308 作为填充焊丝,激光器功率为 4 kW。结果表明,保护气体流速对焊缝质量影响很大,气体流速低,焊缝氧的含量达 800 $\mu g/g$,气体流速高,焊缝氧的含量降为 80 $\mu g/g$。焊缝金属的抗拉强度不随保护气体流速而改变,塑性则随保护气体流速的降低而下降。喷嘴形状对焊接保护环境影响很大,适当增加喷嘴直径尺寸,可以获得比较稳定的气流空穴,从而获得满意的焊接质量。局部干法水下焊接可以获得接近干法的接头质量,同时由于设备简单,成本较低,又具有湿法水下焊接的灵活性,因此是很有前途的水下焊接方法。目前,已开发了多种局部干法水下焊接方法,有的已用于生产。

天津大学的姚杞等采用水下局部干法激光焊接技术对 1 mm 厚的 SUS304 不锈钢进行了焊接试验,重点分析了水深及保护气体流量对焊缝成型与力学性能的影响。试验结果表明:通过适当的水深与保护气体流量匹配,可以获得成型良好、剪切拉伸强度与母材相当的焊缝。在水深一定时,随着气体流量的增加,焊缝熔宽变宽,熔深变浅,深宽比减小。在气体流量一定时,随着水深的增加。焊缝熔深和熔宽也表现出类似的变化规律。与普通激光焊接相比,水下激光焊接改变了焊缝的散热方向以及散热速度,因此同一焊接工艺参数下,水下激光焊接的熔深变浅,熔宽变宽。

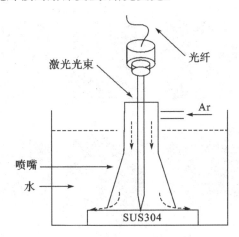

图 3-12　激光水下焊接示意图

表 3-2　不同焊接工艺参数下焊缝横截面形貌及尺寸

		水深/mm			
		10	30	50	0(普通激光焊)
保护气体流量/ L·min⁻¹	10	0.89　1.41 500μm	1.15　0.97 500μm	0.41　1.67 500μm	1.58　1.32 1.0mm
	15	0.84　1.44 500μm	0.80　1.40 500μm	0.41　1.57 500μm	1.42　1.09 1.0mm
	20	0.43　1.64 500μm	0.41　1.69 500μm	0.35　1.63 500μm	1.0mm
	25		0.39　1.72 500μm	0.36　1.65 500μm	1.36　1.48 1.0mm

表 3-3　接头断裂宏观形貌及断裂位置

接头断裂位置		水深/mm			
		10	20	30	50
气体流量/ L·min⁻¹	10				
	15				

局部干法种类较多,日本较多采用水帘式及钢刷式,在美、英多是干点式及气罩式,法国新近发展了一种旋罩式。

①水帘式水下焊接法。

由日本首先提出,焊枪结构为两层。高压水射流从焊枪外层呈圆锥形喷出,形成一个挺度高的水帘,阻挡外面的水入侵。焊枪内层通入保护气体,把焊枪正下方的水排开,使保护气体能在水帘内形成一个稳定的局部气相空腔,焊接电弧在其中不受水的干扰,稳定燃烧。水帘有三个作用:一是形成一个保护气体与外界水隔离的屏蔽;二是利用高速射流的抽吸作用,把焊接区的水抽出去,形成气相空腔;三是把逸出的大气泡破碎成许多小气泡,使气腔内气体压力波动较小,从而保持气腔的稳定性。这种方法的焊接接头强度不低于母材,焊接接头面弯和背弯都可达到180°,焊枪轻便,较灵活,但可见度问题没有解决。保护气体和烟尘将焊接区的水搅得混浊而紊乱,焊工基本处于盲焊状态。另外,喷嘴离焊件表面的距离和倾斜度要求严格,对焊工的操作技术要求较高,再加上钢板对高压水的反射作用,这种方法在焊接搭接接头和角接接头时效果不好,手工焊十分困难,应向自动化方向发展。

②钢刷式水下焊接法。

这是日本发展的一种方法,是为了克服水帘式的缺点而研制的。此法是用直径0.2 mm的不锈钢丝"裙"代替水帘的一种局部排水法,它不仅可进行自动焊,也可进行手工焊。为减小钢丝间的间隙,增加空腔的稳定性,在钢丝裙上加一圈铜丝网(100~200目);为避免飞溅粘到钢丝上,在钢丝裙内侧衬上一圈直径0.1 mm的SiC纤维丝。这种方法曾用于焊修钢桩被海水腐蚀掉的焊缝,水深是1~6 m。

③罩式水下焊接法。

在焊件上安装一个透明罩,用气体将罩内的水排出,潜水焊工在水中将焊枪从罩的下方伸进罩内的气相区进行焊接,焊工通过罩壁观察焊接情况,这种水下焊接可对不同接头形式的焊缝进行空间位置焊接,多采用熔化极气体保护焊,也可采用钨极氩弧焊及焊条电弧焊。实际应用的最大水深是 40 m。

这种气罩式局部干法水下焊接属于大型局部干法,焊接品质比小型局部干法高,但灵活性和适应性稍差。另外,焊接时间过长,罩内烟雾变浓,影响潜水焊工视线,应注意排气,始终保持罩内气体清澈,是该法必须解决的问题。

④可移动气室式水下焊接法。

1968 年由美国首先提出,后由美英跨国公司应用于生产。它具有一个可移动的、一端开口的气室,通入的气体既是排水气体又是保护气体。这种方法是通过可移动气室压在焊接部位上,用气体将气室内的水排出,气室内呈气相,电弧在其中燃烧。气室直径只有 100~130 mm,属于干点式水下焊接法。焊接时,将气室开口端与被焊部位接触,在开口端装有半透密封垫与焊枪柔性密封,焊枪从侧面伸入气室中,排水气体将水排出后,便可借助气室中的照明灯看清坡口位置,而后引弧焊接,焊一段,移动一段气室,直至焊完整条焊缝。该法可进行全位置焊接。由于气室内的气相区较稳定,电弧较稳定,焊接质量较好,接头强度不低于母材,焊缝无夹渣、气孔、咬肉等缺陷,焊接区硬度也较低。焊接接头性能满足美国石油学会规程的要求,并在最大水深 30~40 m 中应用。但这种水下焊接法也存在一些不足之处:首先,它不能很好地排除焊接烟雾的影响。其次,气室与潜水面罩之间仍有一层水,在清水中对可见度影响不太大,但在浑水中可见度问题仍未得到解决。最后,焊枪与气室是柔性连接,焊一段,停一次弧,移动一次气室,焊缝不连续,焊道接头处易产生缺陷。

综上所述,合理采用局部排水措施可有效解决水下焊接的三个主要技术关键,从而能提高电弧的稳定性,改善焊缝成型,减少焊接缺陷,在水深不超过 30~40 m 的情况下,可以获得性能良好的焊接接头,局部干法水下焊接是很有前途的水下焊接方法。但是目前提出的几种小型局部干法水下焊接方法,除了干点式已初步在实际中应用外,其他尚处于试验阶段。

4)水下其他焊接方法。

①水下螺柱焊。

水下螺柱焊接系统最早是英国焊接研究所(TWI)在 20 世纪 80 年代中期开发的,在焊接之前,用聚合物环套住螺柱就可以解决海水的冷却问题。在我国,某船厂对 500 t 下水船排滑行轨道 22 mm 压紧螺栓进行调换工作时,首次采用了水下螺柱焊接工艺。由于这种方法作业深度较浅,受水的影响较小,而且焊接接头也产生了部分缺陷,焊接工艺参数及防电保护瓷套等对焊接质量的影响也没有完全解决,所以还需很长的时间研究完善。

②水下爆炸焊接。

水下爆炸焊接利用炸药爆炸所产生的冲击力使焊接工件发生碰撞而实现金属材料连接。水下爆炸焊具有准备工作简单,不需要预热、后热等热处理过程,不需要焊机,操作方便,技术要求不高等优点。日本很早就进行了水下导管的爆炸焊接和水下爆炸复合板的工作,并在大阪市港湾局的协助下进行了海水条件下的焊接试验。英国在促进北海油田和气田海底管线铺设时提供资金让国际科研及开发公司(International Research &

Development Co.)对水下爆炸焊接进行研究。在 20 世纪 70 年代后期,英国水下管道工程公司(British Underwater Pipe-line Engineering Company,BUPE)根据与挪威国家石油公司(Statoilof Norway)的合同,研制了一个完整的管道修补系统,其中就采用了爆炸焊技术。

3.1.4 · 水下焊接焊条药皮配方的设计

(1)熔渣渣系的选择

熔渣是焊条在焊接过程中,焊芯、药皮及熔合的母材部分经高温冶金反应所得的覆盖于焊缝表面上的渣壳。熔渣的性质(氧化、还原能力,流动性、透气性等)对焊缝金属的保护、焊缝的成型有着直接影响,本试验在介于酸性渣系和碱性渣系之中选取 SiO_2—TiO_2—CaF_2—CaO 渣系,既可保证有良好的焊接工艺性能,又能有效地降低电弧气泡中氢的危害,按其成分要求选取相应的矿物质和化工产品来配制。

(2)药皮配方的调试

表 3-4 所列是根据水下湿法焊接的冶金特点调试的 10 个配方的试验结果,配方中各物质含量:金红石中 TiO_2:52%;萤石中 CaF_2:98%;大理石中 $CaCO_3$:98%;低碳锰铁中 Mn:85%;钛铁中 Ti:75%;硅铁中 Si:45%;长石中 SiO_2:93%。调试的过程是一边进行工艺性能测试,一边进行新配方的配制。所有焊接试验均在模拟水深 70~100 m 的加压容器内进行。

表 3-4 不同配方组成及测试结果

代号	金红石	萤石	大理石	低碳锰铁	钛铁	硅铁	纤维素	长石	铁粉	电弧气泡特征
1	20	10	20	10	5	5	—	12	18	少气泡熄弧
2	20	10	25	10	6	6	—	10	13	少气泡熄弧
3	20	15	20	10	7	7	—		13	少气泡熄弧
4	15	12	25	10	6	6	3	10	10	气泡稳定
5	15	12	25	10	6	6	5	13	8	气泡稳定
6	15	12	25	10	6	6	7	15	4	气泡稳定
7	10	18	25	10	6	6	5	10	10	气泡稳定
8	10	16	30	10	6	6	3	12	7	气泡稳定
9	10	15	30	10	5	5	5	15	5	气泡稳定
10	10	10	35	5	5	5	5	15	5	气泡稳定

(3)工艺性能及力学性能试验

用 1~10 号配方在 25 t 油压涂料机上生产少量直径 4.0 mm 的焊条并进行如下各项试验。

1)气孔及成型试验。

试验材料为 Q235-C 的 6 mm 板材,1~3 号配方在水下 70 m 施焊时,由于无足够的造气材料,电弧气泡难以稳定存在,气孔严重,焊接过程不能顺利进行。4~10 号配方增加了造气材料并能降低氢的比例,无气孔出现,其中 7~9 号配方成型良好。形貌特征如图 3-13 所示。

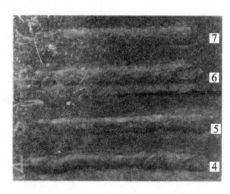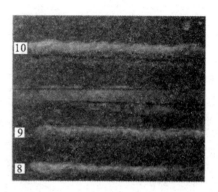

图 3-13　4~10 号配方焊缝成型外观

2)熔敷金属扩散氢含量测定。

扩散氢含量是衡量焊条性能的一项主要指针。本研究对初试性能较好的 4~10 号配方按 GB 3965—93 用甘油法对扩散氢含量进行了测定,4~10 号样的测定结果分别为(mL/100 g):15.5;16;18.2;7.2;6.7;6.9;7.2。可见,7~10 号配方符合 GB 5117—95 的要求(扩散氢≤8 mL/100 g)。

3)力学性能试验。

从工艺性能试验的综合结果来分析,7、8、9 三种配方的焊条各项指标均符合水下焊接的要求。10 号配方虽然扩散氢含量符合要求,但焊缝成型较差故不予采用。用 7~9 号三种配方所制焊条焊制试板(厚为 19 mm 的 16Mn 板材)进行熔敷金属拉力试验及 V 形缺口冲击试验。试验结果如表 3-5 所示。

表 3-5　熔敷金属力学性能

代号	抗拉强度 σ_0/MPa	伸长率 δ_{10}/(%)	断面收缩率 Ψ/(%)	冲击吸收功 A_{kv}/J
7	525	23	38	85
8	496	24	41	125
9	516	24.5	43	130

从表 3-5 得知,7~9 号焊条力学性能指针完全符合 GB 5117—95 对低碳钢及低合金高强度钢的要求,可作为低碳钢及低合金钢水下焊接用焊条。

3.1.5　水下焊接技术的研究趋势

①由于每种焊接方法(湿法、局部干法、干法)都有其各自的优点和适应场合,因此,多种水下焊接方法并存的局面会长期存在。

②湿法水下焊接的质量主要受水下焊条、水下药芯焊丝等因素的影响和制约,英、美

等国已发展了多种高质量的水下焊条,我们也应该加快开发研制高质量水下焊条、水下药芯焊丝。通常湿法焊接的水深不超过100 m,目前的努力方向是,实现200 m水深湿法焊接技术的突破。

③基于先进技术,对焊接过程进行监控的研究已经取得某些进展,主要体现在水下干法和局部干法焊接中的自动化和智能化。例如遥测遥控技术已经在水下焊接中取得了初步应用,采用遥测遥控技术,可以实现水下安装检测中的焊接加工,目前已在水下管道安装维护中取得进展,最近华南理工大学的廖天发等人采用VC++编程实现了串口通信(SPC),用于远程控制水下焊接焊前的焊缝对中以及焊接过程中的焊缝跟踪。自动化的轨道焊接系统和水下焊接机器人系统,能对焊接过程自动监控,保证焊接质量,节省工时,而且还能减轻潜水员的工作强度。但是目前的水下焊接机器人系统还存在许多问题,其灵活性、体积、作业环境、检测和监控技术以及可靠性等还有待于进一步发展和提高,这是目前我们的努力方向。

④模拟技术的出现及发展,为焊接生产朝着"理论—数值模拟—生产"模式的发展创造了条件,使焊接技术正在发生着由经验到科学、由定性到定量的飞跃。目前陆上焊接过程的温度场、流场以及熔池、焊缝应力等的模拟取得了较大进展,焊接电弧的模拟也有一定的研究,但对水下焊接的模拟研究还比较滞后。德国的Hans-Peter Schmidt等人对电流在50~100 A范围内、压力0.1~10 MPa、钨极氩保护情况下的水下高压焊接电弧进行了模拟研究,用数学方法解守恒方程得出了温度、速度、压力和电流的分布。其中电弧温度的测量结果与理论分布吻合良好。随着海洋石油和天然气工业的发展以及我国海洋工程向深海的挺进,应当重视和加快针对水下焊接这方面的数值模拟研究。目前我们也正在着手进行高压环境下焊接电弧的数值模拟这方面的研究工作。

⑤计算机仿真是一项很有用的技术,它在焊接工艺的制定、焊接设备的研制以及控制系统的改进等方面的研究中都有应用。Dag. Espedalen等人对高压干法水下焊接进行了仿真技术研究,首先利用SolidEdge建立焊接舱和焊接机器人的3D模型,然后再转化为I-grip运动模型,编制合适的控制程序,整个海底管道维修操作过程就能演示出来。通过焊接仿真,有助于构思新方案,并能提前发现存在的问题,这也是我们以后应当研究的一个领域。

3.2 水下焊接技术应用

3.2.1 304不锈钢局部干法自动水下焊接试验

焊接试验在一个水下不大于15 m水深的条件下进行,由焊接系统焊接电源、液压驱动自动焊接平台排水罩、试验环境系统、水下摄像系统6个部分组成,能够实现水下微型排水罩式脉冲MIG全自动焊接(图3-14)。水下焊接试验舱为立式快开结构压力容器,最大作业水深为15 m,设计最高工作压力0.3 MPa。试验采用芬兰Kemppi焊接电源,根据实际工作需要,将电焊机与送丝机分离,焊接电源放在试验舱外部,送丝机置于舱内。液压驱动自动焊接平台包括升降油缸和焊接平台两个部分,升降油缸将焊接平台抬升到适合高度后,焊接平台可以在油缸的驱动下通过手控盒控制完成行走、摆动、跟踪和小幅度高度调节。排水罩是局部干法水下焊接的重要设备,是焊接能否成功的关键所在。为了适应全自动水下焊接,自行设计制造了局部干法自动焊接排水罩。

图 3-14　局部干法自动水下焊接试验装置

试验环境系统包括舱内注水、排水,舱内加压、卸压,以及排水罩和焊枪的供气,所有这些系统的控制均由 PLC 通过控制水路、气路的阀门以及水泵的启停来实现。水下焊接摄像系统共包括三套子系统:舱内水上场景摄像系统、焊接摄像系统、舱内水下场景摄像系统,分别用于实现对舱内水上部分、排水罩内部以及舱内水下部分进行实时监控。结合德国汉诺威大学开发的焊接质量分析仪 AHXIX,可以对水下焊接过程中的熔滴过渡现象进行初步的定量分析和评定。

奥氏体不锈钢由于其优良的综合性能,在核电结构中得到了广泛应用。试验以 304 不锈钢钢板作为焊接母材,采用坡口堆焊的焊接方式,选用 1.2 mm 的 ER308 焊丝,纯 Ar 气作为焊接保护气,进行了局部干法自动水下焊接试验。在焊接准备工作完成以后,根据焊接坡口宽度以及不同水深条件选择相应的焊接方式和焊接参数进行引弧焊接,同时焊接速度、摆动幅度及其左/右停留时间也可根据工况要求实时调节。坡口的形状及尺寸如图 3-15 所示。

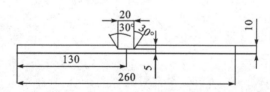

图 3-15　试板的坡口形状及尺寸

（1）试验参数

每种焊接材料均对应一个喷射过渡的临界电流值,一般情况下,这个临界值较大,在 200 A 以上。但如果选用脉冲焊接方式,当脉冲电流大于临界电流值,电弧也可以呈喷射过渡状态,实现无飞溅焊接。实际焊接时分空气中焊接、5 m 水深和 15 m 水深三种情况进行,为了探讨水下环境以及水深对焊接过程的影响,三种焊接情况的焊接参数基本相同,只是因为水下焊接时排水气体同时作为焊接保护气,所以水下焊接时 Ar 气流量较空气中焊接时明显增大,且随着水深的增加,排水所需气体压力加大,Ar 气流量也相应增加,焊接试验参数如表 3-6 所示。试验表格中所记录的数值均为焊机面板以及焊接平台手控盒上的设定值。在实际水下焊接中,由于排水罩和试件之间的摩擦,实际的摆动幅度要小于手控盒设定的摆幅值。因此,焊接程序中设定的摆幅值略大于试板的坡口宽度。另外,由于坡口较浅(5 mm),且水下焊接比在空气中焊接的实际移动速度慢,所以空气中焊接时需要两层焊缝,而 5 m 和 15 m 水深均是一层焊缝焊接完成。因在空气中焊接时,两层焊接时的焊接参数完全相同,因此,表 3-6 只列出了一层焊接的试验参数。

表 3-6 局部干法自动水下焊接试验参数

焊接环境	程序号	送丝速度 v_1/cm·h^{-1}	弧长 /mm	车速 v_2 /cm·h^{-1}	摆速 v_3 /cm·h^{-1}	摆幅 f/mm	滞时 100 ms	气体流量 c/L·h^{-1}	电流 I/A	电压 U/V
空气中	623	7.0	4	39	128	29	2	18	142	24.8
5 m 水深	623	7.0	4	39	128	29	2	60	136.8	27.9
15 m 水深	623	7.0	4	39	128	29	2	120	134.8	28.2

(2)焊接效果

1)实现了 304 不锈钢局部干法自动水下焊接,将汉诺威焊接质量分析仪用于水下自焊接试验当中,对局部干法水下焊接不同水深的熔滴过渡形态进行了初步分析。随着焊接水深的增加,焊接电压逐渐增加,电流逐渐减小,熔滴过渡形态逐渐恶化,其中在干式环境和 5 m 水深时为喷射过渡,15 m 水深时为一种包含爆炸过渡和渣壁过渡两种过渡形态的混合过渡形式。

2)局部干法水下自动焊接焊缝通过了液体渗透检验和超声波检验,满足美国标准(ASME BVPC2001 版)和 AWS D3.6M:1999 水下焊接标准的性能要求。

3)所试验的焊接方法不需要专业的水下焊工,且能够实现对焊接过程中水面以上、水下以及排水罩内部空间的实时观察,自动化程度高,焊接质量好,具有广阔的应用前景。

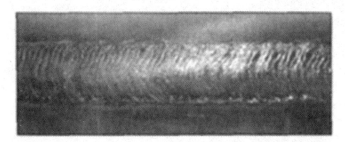

图 3-16　干式焊接焊缝形貌

图 3-17　5 m 水深时的焊缝形貌

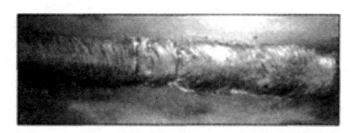

图 3-18　15 m 水深时的焊缝形貌

3.2.2　Q235 钢的药芯焊丝水下焊接

本试验在水箱中进行,试验水深为 150 mm,焊接电源为林肯 CV500-1 直流焊机,极性为正接。焊接试验为平板堆焊和 V 形坡口对接焊,试板为 Q235 钢,焊丝采用 TWE-71 及 SQJ501 气保护药芯焊丝(φ1.2 mm),它们都相当于 AWS A5.20 标准型号 E71T-1。考虑到水下焊接施工时的方便,试验时不外加 CO_2 保护气体,分别进行水下湿法和水下微型排水罩两种焊接方法的试验。焊接工艺参数如表 3-7 所示,在焊接过程中,采用 TSD-340A 记忆示波器记录电弧电压和流,用甘油法测定焊接接头的扩散氢含量,对焊缝金属进行化学成分分析、金相分析,对焊接接头进行硬度和机械性能测试。

表 3-7　焊接工艺参数

焊接方法	I/A	U/V	$v/mm \cdot s^{-1}$	$E/kJ \cdot cm^{-1}$	焊丝伸出长度/mm
水下湿法	180	27	3.0	16.20	15
微型排水罩法	180	27	6.0	8.10	30

(1)药芯焊丝微型排水罩水下焊接实施过程

水下湿法焊接电弧是在电弧气泡中燃烧的电弧在水下的金属和熔化极之间引燃后,由电弧放射出的炽热气体、过热水蒸气和水分解的氢气、氧气以及其他气体的混合物,将电弧与水隔开,这是水下焊接过程区别陆上焊接过程的主要现象之一。电弧气泡开始只是形成一个小气泡,然后逐渐长大,直至最后破裂,离开电弧区域向水面上浮,这样周而复始。但是在这一过程中,气泡只是部分破裂上浮,留下一个直径为 6～9 mm 的核心气泡。湿法焊接时,电弧气泡的周期破裂干扰了电弧气泡的稳定性,严重影响了焊接质量。药芯焊丝微型排水罩水下焊接就是从实用经济的角度进行开发,完全依靠焊接时自身所产生的气体以及水汽化产生的水蒸气排开水而形成一个稳定的局部无水区域,使得电弧能在其中稳定燃烧。因此微型排水罩的尺寸和结构决定了焊接过程中无水区(局部排水区)的大小和稳定程度,它的设计是该法焊接成功与否的关键。通过反复试验,最后采用的微型排水罩的结构如图 3-19 所示。微型排水罩底部的密封垫是涂有防火涂料的高分子材料,可以耐 400℃高温。高分子材料的柔韧较好,可以和工件紧密接触,以取得良好的密封效果,并使密封垫起到气体可以溢出、水不容易进来的"单向阀"作用。密封垫、微型排水罩和焊接试板共同构成的空间(即图 3-19 中的 B、C)形成无水区,其大小直接决定了电弧气泡和电弧的稳定程度,并最终影响到焊接接头冷却速度、微观组织和焊缝性能。无水区越小,焊接时空腔内的由药芯焊丝本身产生的气体气压越高,排水效果越好;当排水罩内腔体积大到一定程度时,仅靠药芯焊丝产生的气体排不干净罩内的水,罩内水的分解量增加,导致焊缝产生气孔。兼顾保护效果和操作方便以及对熔池和热影响区的缓冷,本试验最后确定微型排水罩空腔体积为 14.76 cm³,用于缓冷焊缝的后拖尺寸 T 为 25 mm。

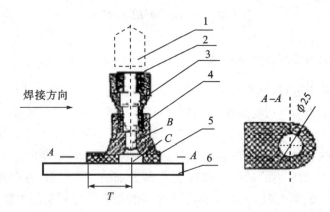

1—焊枪;2—绝缘套;3—连接套;4—微型罩;5—密封垫;6—试板

图 3-19　微型排水罩结构示意图

(2)电流电压波形检测与分析

由示波器中取出的焊接过程电流电压波形图如图 3-20 所示。从波形图可以看出,两种焊接方法的熔滴过渡形式均为短路过渡。(a)所示的水下湿法焊接波形图中,短路电在 5 V 左右波动,燃弧电压则在 30 V 左右,电流波形的最大特点是数值有时为 0,这意味着会出现断弧现象。(b)为加入微型排水罩时的波形图,电流电压波形呈周期性变化,短路电压保持在 10 V 左右,燃弧电压同样稳定在 30 V 左右,维弧电流保持在 120 A 左右,显示出了微型排水罩法水下焊接稳定的短路过渡过程。运用统计分析的方法可以得出电极区压降、短路峰值电流、短路时间、短路过渡频率以及短路时间和熄弧时间等短路过渡特性参数,如表 3-8 所示。在湿法水下焊接中,电弧同时受到水和电弧气泡内高氢高氧气氛的压缩和冷却,致使电弧产生收缩作用,从而增大了弧柱电流密度和电弧温度,增加了弧柱区的电场强度。通常人们认为水下焊接的电压增高只与弧柱区的电场强度增加有关。我们注意到水下湿法焊接电极区压降达到 20.4 V,远远高于陆上焊接 12 V 左右的数值,由此可见水下焊接的特殊环境同时改变了电弧电极区域的工作机理。其中阳极区压降变化较小,其压降变化的主要原因是药芯焊丝水下焊接电弧弧柱温度达到 9 000 K,弧柱和阳极之间的温度差升高,而影响阴极压降的原因就更为复杂,包括氛围气体、弧柱和电极电子发射等,从湿法与微型排水罩法电极区压降的差异来看,氛围气体的变化是最主要的原因。由于水下湿法焊接电弧区域直接和水接触,而排水罩中的电弧相应地处于一个稳定的电弧气泡中,因此水下湿法焊接电弧收缩,促使熔滴过渡的电磁力更大,使得湿法焊接的短路时间比微型排水罩法的短,其短路频率相应高于微型排水罩法。水下的高电流密度还显著地造成了水下焊接平均短路峰值电流的增加,比陆上方法焊接的峰值电流高出 100 A 以上,而且微型排水罩法平均短路峰值电流比湿法的高,主要原因是其焊接过程稳定,电流波形范围小,短路时间长;同时由于该焊接方法中,焊接电弧比较少地受到水的冷却,引起电弧温度较湿法高一些,因此短路电流显示出高的特性,而湿法焊接测试范围内的最大短路峰值电流达到 592 A,高于平均短路峰值电流将近 1 倍,显示了该方法焊接过程中电弧剧烈的波动性。压缩的电弧和增高的电流密度还将导致以下现象的发生:阴极斑点和阳极斑点受到压缩,电弧温度将达到更高,使得更多的电极金属被蒸发和烧损;增加的能量密度将影响到焊缝形状的改变,特别是熔深,对于电弧下面的熔池中熔敷金属液体的表面张力和流动性能也产生影响;大量的气体被吸附于熔池金属,特别是造成 Si、Mn 等元素的烧损以及含碳量的上升。焊接工艺性能焊接过程表明,对比两种焊接方法,工艺性能较不稳定的为水下湿法焊接,主要表现为电弧漂移,飞溅较多且颗粒大,并有成段焊丝爆断现象,在焊缝区域留下大量飞溅和短节焊丝,微型排水罩中的焊缝表现为较光滑。计算表明,水下湿法达到 91.9 kA/s 时,微型排水罩法的则只有 49.8 kA/s。但是湿法焊接中成段焊丝的爆断显示出短路电流上升速度过小的现象,这同样证实了该焊接过程的不稳定性。在焊接过程中,还发现在水下湿法焊接焊缝周围存在大量的细颗粒金属粉末,分析认为,这是由于电弧空间温度较高,形成了大量的金属蒸气,蒸气在电弧空间紊流的作用下被卷入电弧区域外围部分,迅速被水冷却凝固,沉落于焊缝周围。金属蒸气以及大量气泡的出现,浑浊了焊接区域,对焊工或者监视系统的可视性产生了严重的干扰。湿法和微型排水罩法水下焊接焊缝的熔宽和余高分别为 10 mm、4.7 mm 和 7.5 mm、4.5 mm。水下焊接特别是湿法焊接出现了狭窄而余高高的焊缝,增加了未熔透的可能性,同时在进行多道焊时增加了清理焊缝的工序。湿法焊缝还出现了大量的咬边现象,微型排水罩法则很少出现这种情形,这是因为湿法焊缝保护气穴不稳定,气流和水流对熔池区域产生冲击作用,影响了焊缝成型。而微型排水罩法形成了稳定的气穴,产生了良好的保护作用。

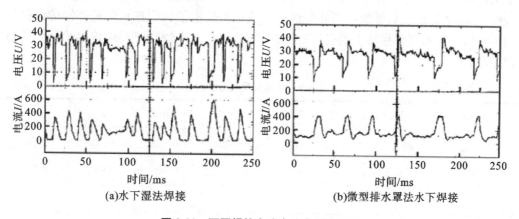

图 3-20 不同焊接方法电流电压波形图

表 3-8　短路过渡过程电弧区域参数表

焊接方法	电极区压降/V	短路峰值电流/A	短路时间/ms	短路频率/Hz	短路时间比率/%	熄弧时间率/%
水下湿法	20.4	365	3.92	60	21.7	32
微型排水罩法	17.8	408	5.12	30	15.4	0

(3)焊接接头成分、组织及硬度分析

对两种焊接方法的焊缝熔敷金属进行化学成分分析,为便于比较,列出了陆上焊接接头的化学成分数据,结果列于表 3-9,证实了由于电弧压缩和氧化性气氛的影响,药芯加热阶段就发生了先期脱氧,在熔滴反应阶段,发生了强烈的氧化反应,造成了焊丝中 Mn、Si 等金属元素的严重烧损。药芯焊丝在熔池阶段进行的焊接化学冶金反应也是十分激烈的,但由于水下焊接的冷却速度远远高于陆上,熔渣向熔池过渡金属的时间很短,造成合金元素的残留氧化损失变大。所以水下焊接焊缝中 Mn 和 Si 的含量比空气中焊接时要低,而 C 与 O 的亲和力较前面两种元素要低,因此 C 的含量增加,同时由于微型排水罩法中燃弧时间比率为 84.6%,在一个短路周期中,熔滴在电弧气泡中的长大时间为 28 ms,因此其合金元素的烧损要比水下湿法的严重得多,而且 Mn 具有比 Si 更低的沸点,饱和蒸气压大,焊接过程中蒸发损失大,由于微型排水罩法的熔滴温度和电弧空间温度较湿法水下焊接的大,因此显示 Mn 的成分比 Si 的成分减少得更厉害。焊接接头的金相分析表明,湿法焊缝组织为先共铁素体、珠光体和贝氏体,热影响组织为先共析铁素体、贝氏体和马氏体,粗晶区晶粒细小。微型排水罩法焊缝组织为状铁素体和珠光体,热影响区组织为先共析铁素体和贝氏体,同样,组织的差异主要归咎于输入与冷却速度的不同。硬度测试表明(表 3-10),微型排水罩法的焊接接头硬度要低于湿法焊接接头硬度,而且其最高硬度出现在熔合线附近,显示出与陆上焊接相似的特性,而湿法焊接最高硬度出现在焊缝中。该结果证实了微型排水罩对焊缝的保护作用,但是,总体而言焊接接头的硬度比母材要高,这与水下焊接过程中熔池受到水的急剧冷却有关。

表 3-9　焊缝金属化学成分

焊丝	焊接方法	C	Si	Mn	S	P
	陆上 CO_2 焊	0.025	0.42	1.30	0.04	0.03
TWE-711	水下湿法	0.04	0.25	1.05	0.012	0.013
	微型罩法	0.04	0.25	0.79	0.012	0.017

表 3-10　焊接接头硬度分布(载荷 10 kg)

焊丝	焊接方法	焊缝区域					熔合线	热影响区				
		−2.5	−2.0	−1.5	−1.0	−0.5	0	0.5	1.0	1.5	2.0	2.5
TWE-711	水下湿法	235	247	240	222	221	218	206	178	157	169	135
	微型罩法	207	228	227	236	242	200	183	161	154	144	137

(4)焊接接头机械性能及扩散氢含量

表 3-11 分别列出了湿法水下焊接与微型排水罩法 V 形坡口对接接头的机械性能。可以看出,采用微型排水罩法焊接得到的接头性能要明显好于水下湿法焊接的接头性能,特别是其塑性指标。对照美国 API 1104 和 ASME Ⅸ 标准,也可看到微型排水罩法的机械性能指标完全达到标准的要求。而熔敷金属扩散氢含量的测试表明,微型排水罩法的扩散氢含量远远低于湿法焊接的测量值,该值接近于陆上焊接的水平,但是,由于有水蒸气和潮湿气氛的影响,无法完全避免焊缝金属的增氢。

表 3-11　水下焊接对接接头机械性能及扩散氢含量

焊丝	焊接方法	抗拉强度/MPa	冷弯角 (d=3a)	焊缝冲击功 (−20e)/J	熔敷金属扩散氢 含量/mL · g^{-1}
SQJ501	水下湿法	440(断于母材)	80b	22,24,18	0.404
	微型罩法	430(断于母材)	120b	46,48,52	0.135

(5)结论

①在本试验条件下,药芯焊丝水下湿法焊接有断弧现象出现。

②水下焊接电弧的收缩特性与电弧气泡氛围影响到水下焊接短路过渡过程,使得其平均短路峰值电流增高,电极区压降增大。

③通过采用自行研制的药芯焊丝微型排水罩,使得水下焊接短路过渡过程稳定,焊接工艺性能好,能取得较好的焊缝,显示了较好的应用前景,为今后实现水下焊接的自动化奠定了试验基础。

3.2.3　水下激光焊接

一般的水下焊接方法都需要采用电弧焊工艺以及配有多名潜水员,施焊时通常采用手工或机械化焊接装备进行操作。然而今天,WEC 焊接有限公司——隶属于美国 LLC 电气公司的子公司将激光焊应用到水下焊接中,可作为水下修复技术应用在海洋平台中。

(1)水下激光焊工作原理

水下激光焊接工艺结合了两种激光技术——活性光学纤维及半导体二极管。极亮的半导体二极管发射器被用作光源将聚焦光束通过光纤,从一个很小的光纤腔中发射出极强的亮光。激光束被包含在光学纤维中,光学纤维通过柔韧的装甲金属导管来屏蔽。

水下激光焊利用二极管纤维激光束,熔池通过初次和二次保护气进行保护,保护气通过激光焊枪输送。初次保护气主要作用是排开水,提供一个干燥的焊接环境,同时也为焊接提供保护介质。二次保护气提供一些有利于激光焊系统的功能,以防止焊接时水进入焊接试件中。保护罩用来密封焊接区域,当增压时形成干燥的空腔,如图3-21所示。它是一种通过向焊接部位输送保护气体(Ar)以形成局部

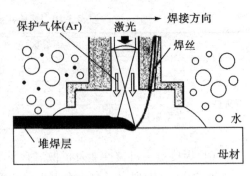

图 3-21　水下激光束焊示意图

的空腔,然后在空腔中使用含钕的钇铝石榴石激光器(Nd:YAG)发射激光束,并同时添加丝状填充金属,从而形成堆焊层的焊接技术。在堆内构件中,为防止发生应力腐蚀、开裂(SCC)而提高耐蚀性的堆焊(CRC),以及针对已发生SCC所导致裂纹的焊接密封所开发的水下激光焊接法对以上两个方面均适用。前者的目标是预防维修,后者则是事后维修。其中,对于密封裂纹的焊接方法而言,主要是依靠焊缝金属封堵裂纹,以便使裂纹与堆内水环境隔离,同时防止堆内的水从裂纹处泄漏。

这种焊接技术不仅节省了在焊接部位的抽水时间,还借助水的屏蔽效果,有效地降低了堆内施工时操作者所遭受的放射性损害。对堆焊及密封焊接后的结果进行分析,二者均获得了具有金属光泽的优良焊缝。通过密封焊接,在裂纹顶上形成了良好的焊接金属层,得以将裂纹封堵。

(2)水下焊接机头

东芝公司开发的水下激光焊接使用的是Nd:YAG激光,焊接机头局部处于保护气体中。焊接机头是水下焊接系统主要的仪器之一,图3-22为焊接机头的外观和试验装置,从Nd:YAG激光振荡器中发出的激光,通过光纤维传送至焊接机头,依靠内部装有的光学系统聚焦,从而形成焊接熔池。焊接机头进入水槽中,从机头前段送出保护气体,从而使焊接部位能够局部处于保护气体中。同时,送丝装置将焊丝送入熔池中,形成焊接金属层。图中所示的焊接机头是东芝公司针对狭窄部位研制的厚度约为50 mm的薄型机头。表3-12为水下激光密封焊接的工艺参数。

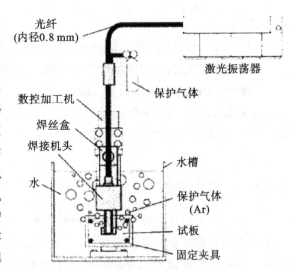

图 3-22　焊接机头的外观和试验装置

表 3-12　水下激光密封焊接的工艺参数

项目	工艺参数
激光振荡器	Nd：YAG 激光
波长/nm	1 064
激光输入功率/kW	0.9～1.2
焊接速度/cm · min^{-1}	30～50
保护气体	氩气

（3）材料的搭配及焊接性分析

表 3-13 为水下激光焊接技术较为合理的母材与填充金属的搭配。母材分别是堆内结构件中所用到的 SUS316L 奥氏体不锈钢、DNiCrFe-3 镍基合金（相当于 BWR 材料中的 Inconel 182）和 DNiCrFe-1J（相当于 PWR 材料中的 Inconel 132）。

另外，对于奥氏体不锈钢与镍基合金的焊接，使用了镍基合金作为填充金属。考虑到焊接时所带来的影响，焊接性的分析主要着眼于焊接时环境的影响（水环境和水深）以及焊接部位外形的影响。

表 3-13　水下激光焊接合理的母材与填充金属的搭配

母材	填充金属
SUS316L	Y308L 或 YNiCr-3
DNiCrFe-3	YNiCr-3
DNicrFe-1J	ERNiCrFe-7

（4）水下焊接与大气中焊接的比较

该焊接技术由于是在水下进行焊接，为了分析水环境及水深的影响，与大气中的激光焊接进行了比较，并且研究了模拟焊接部位水深的激光焊接。大气中焊接后焊缝的外观和截面宏观金相与水下焊接的结果相同。另外，模拟了施工假定部位的水深，在相当于 30 m 深的加压水环境中进行焊接后，焊缝外观和截面宏观金相与正常的焊接一样，这就证实了水深对焊接没有影响。综上所述，水下激光焊接技术与大气中激光焊接几乎没有差别，从而证实了水下激光焊接技术不受焊接环境的影响。

（5）多层焊接的研究

作为堆内结构件的修复工艺，从维持表面耐蚀性及保证必要焊接厚度的观点出发，在实际应用这种焊接技术的地方，应考虑实施多层焊接。为了研究这种多层焊接对焊接加 T 面造成的重复热影响，进行了侧弯试验。侧弯试验结果显示，两种材料中均无缺陷。

（6）焊接部位外形的影响

适用这种焊接技术的堆内结构件大多是三维外形，所以使用图 3-22 所示的试验样机进行焊接试验，以研究横焊及其他位置对焊接的影响。结果证明，在横焊、平焊、仰焊、立焊等所有位置上的焊接均可行。再者，为了研究类似实际核电厂中在焊接加工面外形上的焊接性,进行了仿真倾斜位置焊接性的研究。通过倾斜位置仿真焊接试验,对倾斜位置的模拟缺陷进行密封焊接。通过对倾斜位置仿真焊接试样的外观分析,设定焊接机头角度,根据在倾斜位置上得到的保护层,证实了密封焊接的可行性。

(7)水下激光焊接的效果

通过进行全面的焊接试验,证实了无论是堆焊还是密封焊接均可行。在应用该焊接技术时,对于预防维修的堆焊和事后维修的密封焊接,都有必要防止焊后焊缝金属自身产生新的 SCC。因此,对焊接后焊缝表面的化学成分进行了分析,证实了奥氏体不锈钢和镍基合金二者良好的化学成分均能达到抗 SCC 性的要求。同时,密封焊接的目的在于将裂纹与外部环境隔离,从而抑制 SCC 的扩展。该焊接技术在水下进行,SCC 裂纹的内部有可能会残留水,所以要分析裂纹内部残留有水的地方 SCC 扩展动向的相关情况。分析结果证实,通过密封焊接已将裂纹与外部环境隔离,所以没有发生 SCC 扩展的现象。

(8)水下激光焊与钨极氩弧焊的异同

水下激光焊中所使用的填充金属与钨极氩弧焊中使用的填充金属一样,确保填充金属与母材能够适合连接。填充金属被送入到激光束形成的熔池中,这与钨极氩弧焊焊接过程非常相似。然而,水下激光焊是采用全自动化焊接工艺,从这点可以看出水下激光焊并不同于钨极氩弧焊,因为钨极氩弧焊在焊接期间还需要操作者来调整设备。

水下激光焊接主要被用于修理/维护的场合,与其他水下工艺方法的应用相似。这些应用包括近海钻探油平台的修理和其他传统焊接方法存在缺陷的海底应用场合。该工艺也很适合应用于存在焊接飞溅的地方(如海岸线附近的船体焊接),这些地方采用传统的电弧焊方法时由于水的流动会对焊工人身安全造成危险。在日本国内,早期的核电厂从开始运行至今已经历了 30 年以上,对预防维修及事后焊接维修的需求日益增高。针对堆内构件上使用的主要材料的焊接,以及各种不同位置焊接的可行性,东芝公司开发了可信度较高的水下激光焊接技术。该水下激光焊接法采用低热输入,在反应堆内残留有水的情况下,即使是在狭窄部位也能进行焊接,所以该维修工艺缩短了总工作时间,降低了放射性危害,并且减小了对焊接部位的热影响,确实是一种非常有效的焊接方法。今后,应开展与远程操作机器人、检查机器人及其他维修机器人等的配合工作,以各种各样外形结构的堆内部件为对象,研究开发可应用于从检查到维护、维修的高度集成的系统。

第4章 水下切割技术

4.1 水下切割技术概述

4.1.1 水下切割技术的分类

依据各种水下切割法的基本原理和切割状态不同,大体上可将现有的水下切割法分为两大类,即水下热切割法和水下冷切割法,各种水下切割法的具体分类见表4-1。

表4-1 水下切割法的分类

第一层次	第二层次	第三层次	第四层次	
水下热切割	氧—火焰切割	气体燃烧	乙炔火焰切割	
			天然气火焰切割	
			合成燃气火焰切割	
		液体燃烧	汽油火焰切割	
	熔化切割	电弧切割	等离子弧切割	—
			电弧锯切割	
			电弧-水射流切割	喷水式碳弧切割
				熔化极水喷射切割
		铝热剂切割		
		电子束切割	—	
		氧化物切割		
	熔化-氧化切割	热割矛切割	—	
		热割缆切割		
		电弧-氧切割	钢管割条切割	
			陶瓷管割条切割	
			碳棒割条切割	

（续表）

第一层次	第二层次	第三层次	第四层次
水下冷切割	机械切割	气动机械切割	—
		电动机械切割	
		液压机械切割	
	爆炸切割	炸药爆炸切割	—
		成型药包爆炸切割	
	高压水射流切割		—

　　水下热切割法是利用热源对金属进行加热，或在纯氧气中燃烧，使金属熔化，并采取某种措施将熔化金属或熔渣去除而形成切口的切割方法，如水下氧-火焰切割、水下电弧切割、水下电弧-氧切割等。

　　热切割法又可分为氧化切割法、熔化切割法及熔化-氧化切割法。氧化切割法是先利用火焰将待割金属预热到燃点，然后供氧气使金属燃烧，并吹掉熔渣而形成切口的切割方法，如水下氧-火焰切割。熔化切割法是利用热源将待割金属熔化，靠熔化金属自重或采取某种措施将熔化金属及熔渣除掉而形成切口的切割方法，如水下等离子切割、熔化极气体保护切割及熔化极水喷射切割等。熔化-氧化切割法是利用热源对待割金属预热使其熔化，然后供氧使金属燃烧，并将燃烧产生的熔渣及剩余的熔化金属吹掉而形成切口的切割方法，如水下电弧-氧切割、热割矛切割及热割缆切割。

　　水下冷切割法是利用某种器具或某种高能量，在金属处于固态情况下直接破坏分子间的结合而形成切口的切割方法，如水下机械切割法、水下高压水切割法等。Wachs 公司的多功能维修机具、坡口机、金刚石绳锯机见图 4-1 至图 4-4。

图 4-1　Wachs 公司的多功能维修机具 CPT-3 Combination Prep Tool

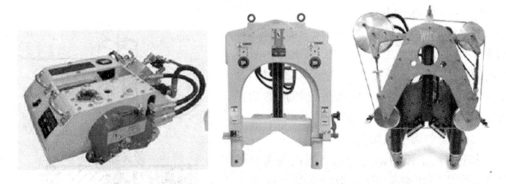

图 4-2　Wachs 公司的坡口机(左)、闸刀具(中)和金刚石绳锯机

图 4-3　绳锯机

图 4-4　水下管道维修机具作业效果图

（1）水下电弧-氧切割

水下电弧-氧切割是一种利用空心电极（即割条）与工件之间产生的电弧使工件熔化，氧气从电极孔中吹出，使热态工件金属氧化燃烧，并吹掉熔化的金属及熔渣，从而形成切口的切割方法，其原理示意如图 4-5 所示。

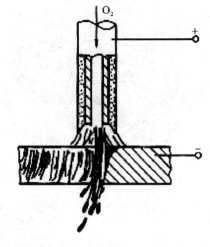

（2）水下等离子弧切割

水下等离子弧切割是利用高温高速等离子气流来熔化待切割金属，并借助高速气流或水流把熔化金属除掉而形成切口的切割方法。由于等离子弧难以在电极和工件之间形成，必须利用高频或直接接触的方式首先在钨极和喷嘴之间引燃引导电弧（即小弧），然后再转移过渡到钨极和工件之间。目前用于水下金属材料切割的等离子弧切割枪都是转移弧形式的。

图 4-5　水下电弧-氧切割法原理示意图

（3）熔化极水喷射水下切割

熔化极水喷射水下切割是利用电弧产生的热量将金属熔化，并用高压水射流将被熔化的金属及熔渣吹掉，从而形成清洁的切口表面。

（4）水下氧-火焰切割

水下氧-火焰切割是先利用气体火焰将被切割工件表面预热到燃烧点，然后喷射氧气使金属燃烧，并吹掉熔化金属及熔渣，从而形成切口，具体过程如下。

①点燃预热火焰。先将预热火焰在空气中点燃，然后由潜水员将燃着火焰的割炬带到工位来进行切割。但由于水对火焰冷却作用很大，火焰容易熄灭，尤其是深水作业时，火焰的点燃成功率很低，可采用点火器在工位上来点燃。

②预热起割处。用预热火焰将起割处预热到燃点。由于水的冷却作用，预热时要比陆上困难得多。

③供氧切割。当起割处温度达到燃点后，供给高压氧气使金属燃烧，并吹掉生成的熔渣。金属燃烧产生的热量及预热火焰继续预热下层金属，使其继续燃烧，最终将工件割穿。随着割炬的移动，工件被割开。

（5）热割矛切割

热割矛是一根装满钢丝的钢管，当从外部对钢管出气端预热并使其达到燃点时，将氧气从钢管内的钢丝间吹出，钢管及钢丝开始燃烧放出大量的热量，从而使工件熔化而达到切割的目的。热割矛放出的热量及通过热割矛吹出的氧气使被切工件熔化、燃烧而形成切口，是一熔化-氧化的过程。但与水下电弧-氧切割不同的是，热割矛是以本身氧化产生的热量起主导作用，而水下电弧-氧切割是以氧化金属为主。

（6）热割缆切割

热割缆是用细钢丝制成的空心缆，外面用密封套套着。其切割原理与热割矛切割基本一样,先将热割缆出气端预热到燃点,然后供氧气使热割缆燃烧,放出的热量使工件熔化,从而达到切割目的。

(7)水下成型药包爆炸切割

水下成型药包是装在软质金属(如铜、铝及铅等)外壳内的、成分经特别配制的一种炸药(如 RDX 等),药包的断面通常呈倒 V 形,如图 4-6 所示。水下成型药包爆炸切割的原理是:把药包置于被切割工件的待切割部位,当炸药起爆、爆炸波将金属外壳破坏时,所形成的高温高速金属粒子流(伴有高能冲击波)定向集中地喷射到工件很小的面积上,把工件击穿而形成切口。

与一般炸药爆炸相比,成型药包爆炸切割具有以下优点。

①能切割出相对精确的切口。

②由于定向爆炸,故破坏邻近构件的危险性较小。

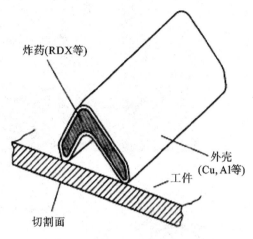

图 4-6　成型药包的断面形状
(倒 V 形)及放置示意

该水下切割可对板材进行直线切割、穿孔以及标准几何形状的断面,如切割管子、钢缆等。

(8)高压水射流切割

高压水射流切割是利用从喷嘴中喷出的高速高压水射流将工件破断,以达到切割的目的。该切割法属于冷切割,切割过程中无热影响,不会造成工件切口附近材料金相组织变化,也不会产生热变形。另外,切口质量良好,并能切割三维曲形工件。

(9)水下机械切割

水下机械切割的原理与陆上的机械切割一样,也是采用锯、磨、刨、铣等方法对构件进行切割,切割速度比热切割慢得多,但切口质量和精度很高,可按照标准要求对工件进行精确加工。

PHC 桩水上施工工艺较成熟,水下施工较少见,其施工难度相对较大。以大连某工程桩基施工为例,在失败和试验中提出了液压动力盘式水下切割锯切割 PHC 桩新工艺。

大连某码头,其桩基采用 PHC 桩,如图 4-7 所示,管桩材质为混凝土,空心,壁厚 150 mm,砼强度为 C80,中间有一层钢筋网,钢筋直径 16 mm。其施工时有 8 根砼在施打中达到四类破坏,需在距水面以下 15 m 位置将桩整体截掉,截掉后余留砼管桩可高出海底泥面 50 cm。采用无振动直线切割工艺进行水下 PHC 桩的切割时,由于 PHC 桩是空心的,在管壁刚切透时,链条由环形包围的情况立即变成直线,链条与管壁夹角变大。因为夹角的问题,链条被夹住,机器停止工作,导致方案失败。初期在水下时未找到失败原因,后在陆上进行了模拟试验,发现只要一将管壁切透,管壁内的链条立即由弧形变成直线形,随着链条切割深度的变大,则夹角越来越大,切割示意图如图 4-8 所示。

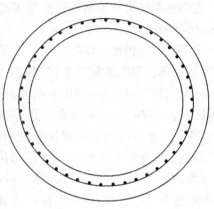

图 4-7　PHC 桩示意图

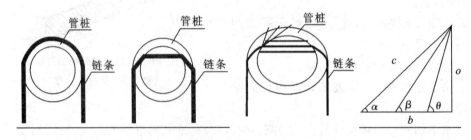

图 4-8　切割示意图

施工工艺步骤

(1)切割流程

施工准备—水下绑钢丝绳—水下切割—潜水员撤离—试吊—吊机吊放桩。

(2)水下切割主要施工方法

1)水下绑钢丝绳。

浮吊就位后,将挂好钢缆的吊钩放至水面要切割的砼管桩附近,潜水员在水面拿到钢缆后,顺着管桩入水,将钢缆捆绑在吊装起重工要求的位置,捆绑钢缆位置应设置防滑缆绳。浮吊钢丝绳逐步收紧,使钢缆承受一定拉力,潜水员回到钢缆处检查,由起重工通过水上监视器画面确认钢缆与管桩是否捆绑结实。

2)水下切割作业。

①预判倒向:项目经理与起重工确认吊具钢丝绳在吊点的偏移方向和角度,预判管桩被截断后的倒向,项目经理通过潜水电话指挥潜水员从管桩可能倒向的另一侧方向入水,潜水软管在入水方向留出足够余量,防止紧急情况发生时的逃生。

②划线标识:潜水员切割前,需在切割位置划线标识,便于切割操作时掌控切割方向。管桩倒向的一侧标识鸭嘴破口切割线,破口深度为管桩直径的 1/3,另一侧为环形闭合线,环形闭合线轴向高差为 20 cm。要求标识线轴向最高点距泥面距离不超过 50 cm。

③切割前准备:潜水员将潜水软管和液压管理顺,两管线路要分开,不得中途汇合和

绞缠,两管之间距离保持在 2 m 以上(为了安全考虑,防止切割锯将管切折)。潜水员准备就绪后,通知陆上设备员开启液压动力站,潜水员将切割锯启动保险和扳机打开,设备员逐渐加大液压压力至 120bar,潜水员在水下适应和检查液压锯的运转情况,检查和运转时间为 5 min,保证液压锯运转正常方可进行下一步切割作业。

④切割:潜水员将运转的液压锯靠近鸭嘴破口标识线,接触点要避开锯片反拔区。待锯片深入砼表面 10 cm 以上后,可向前推进锯片进行沿线切割。切割过程中每隔五分钟向水面监控人员汇报一次水下切割情况,每隔十分钟休息一次,同时检查锯片的松紧度和锯片有无缺陷,保证切割施工安全。在切割过程中水面人员随时检查水位的涨落变化情况,并通知浮吊配合放松或收紧吊索。

⑤切割深度检查验收:切割完成后,潜水员使用塞尺测量切缝深度,深度均要求大于 10 cm。

3)起吊。

确认截掉管桩部分已经脱离开后,可将管桩吊放在浮吊船甲板上,运送至岸上。实际切割图见图 4-9。

实际切割拆除

图 4-9 实际切割示意图

4.1.2 水下切割技术的特点

不同的水下切割法有不同的技术要求、切割速度、应用水深等,每一种水下切割法都有其优点和局限性,各种水下切割法的比较见表 4-2。

表 4-2　各种水下切割法的比较

切割方法	现有经验深度/m	优点	限度
氧-乙炔	13	火焰温度较氧-氢为高	超过 2×10^5 Pa,乙炔燃烧就不稳定
氧-氢	100	具有最佳蒸氧压的可燃气体,火焰容易维持,设备轻便	切割速度较低
氧-丙烷、丙二烯	1	对喷嘴到工件之间距离的敏感性很小	火焰温度较氧-氢为低,装卸困难
氧-汽油	100	在压力下液体燃料易于保存	在点燃前需要加热器使燃料汽化
电弧-氧/钢管割条	180	设备简易轻便,操作技术要求不高	需要经常更换割条,切口表面粗糙
电弧-氧/陶瓷管割条	120	设备简单,操作技术要求不高,割条轻	割条较脆,较钢管割条的割速为慢
手工金属电弧	60	与湿法手工电弧焊的设备相同	技术要求很高,切割速度慢
爆炸(爆破炸药)	—	设备简易,可远距离操纵	切口很粗糙,对临近构件有危害
爆炸(成型装药)	90	设备简易,切割速度快,对技术要求很低	限于简单的几何形状,对临近构件也会有影响
机械	180	能精确加工,可机械化,易于操作	限于简单的几何形状,切割速度很慢
等离子弧(转移弧)	4	高速,精确,切口干净,不需要更换割条	使用高电压,对手工操作造成威胁
等离子弧(非转移弧)	—	—	需要大功率
热割矛	60	设备简易,操作简单,几乎能切割所有的东西	切口很粗糙,有"蒸气爆炸"的危险
熔化极水喷射	54	设备和熔化极都简单,能机构化开坡口	要求可见度高
铝热剂	—	设备简单	割缝粗糙
高压水	—	切口质量高,无热影响区,能切割三维曲形工件	设备成本高,切割速度低,切割精度与机械切割相比较差

　　目前应用最广的水下切割法是钢管割条水下电弧-氧切割。该切割法操作方便、灵活,设备简单、成本低,用来切割厚度不超过 40 mm 的钢板,操作技术容易掌握,是实际应用最广泛、应用水深最大的一种水下切割方法。但需要频繁地更换割条,影响切割效率,切口也较粗糙。

　　切割速度比较快的是熔化极水喷射切割法及水下等离子弧切割法。这两种切割法切割效率高,切口质量也比较好,不加修整或稍加修整就可以进行水下焊接。但水下等离子弧切割与在大气中切割相比,存在以下问题。

①要求的电弧功率较大。水中切割时存在水压的阻力,使等离子弧的稳定性变差、弧长缩短、电弧吹力减弱、有效热能降低,再加上水对工件的冷却作用,因此在切割同等板厚时需要提高电弧功率。

②要求的电源空载电压和高频引弧功率较大。在水中为引燃"小弧",需先用较大流量的气流把喷嘴周围的水排除。在这种气流中引弧,必须增大高频引弧装置的电源功率和提高电源的空载电压。

③在水中能见度低,对切割情况不易观察,给操作带来一定的困难。

我国于 20 世纪 70 年代末引进了熔化极水喷射水下切割技术,研制了切割设备。在浅水及 56 m 水深对 12 mm 厚的低碳钢板进行切割,切割速度越过 20 m/h。熔化极水喷射水下切割的最大切割能力可达 40 mm。

但水下作业的安全性较电弧-氧切割差,尤其是水下等离子弧切割,使用的电压高达 180 V,这对水下作业人员有很大的危险性。切割速度最快的是聚能爆炸切割,适用于几何形状简单的工件水下切割,如水下管道、水下金属桩和柱等结构。如能很好地控制炸药用量并掌握好爆炸方向,可以大大减少对临近结构的威胁。

水下氧-火焰切割和机械切割,切割速度虽然很慢,但它们是修整焊接坡口的最好的水下切割方法。水下氧-火焰割炬的割嘴上带有一个空气喷嘴,高压空气从喷嘴中喷出,在火焰周围形成一个"气帘",将火焰与水分开,这样既确保了火焰燃烧的稳定性,又提高了火焰的预热效果,同时也增大了从喷嘴到待切割工件间距离的变化范围,便于操作。水下机械切割机一般有液压驱动、气压驱动及电动驱动三种。液压驱动的切割机在同样的液压下,随着水深的增加,供给切割机的功率相应降低,即驱动功率受到水深的限制。气压驱动与液压驱动的切割机相似,如能将排气管道与大气相通,则可消除反冲压力作用,从而提高切割效率。电动驱动切割机不受水深的限制,理论上可应用到水下几百米深度的切割。

水下切割法的实际采用受水深的限制,表 4-3 列出了水深对各种水下切割法可行性的影响。

表 4-3　水深对各种水下切割法可行性的影响

切割方法		注释		切割方法	注释
氧-碳氢化合物	70%丙烷 30%丁烷	碳氢化合物液化的极限深度	16.5 m(4℃) 21.3 m(10℃)	金属电弧	电弧的长度取决于周围的压力及电压,极限深度尚不清楚。在 30 m 深、电压 50 V 以及在 200 m 深、电压 100 V 时的电弧长度是 5 mm
	丙烷、乙烷		44 m(4℃) 54 m(10℃)		
	乙炔		255 m(4℃)		
	甲烷		179 m(0℃)		
	丙烷、丙二烯		35 m(0℃)		

（续表）

切割方法		注释		切割方法	注释
氢-氧,氢		氢化的极限深度	1 400 m	机械切割（气动,液动,电动）	由于高压气体管路搬运问题,极限深度为 30 m
氧-弧,氧					用水面上液压装置时,极限深度为 45 m
热割矛					水面上供电和水下液压泵及驱动装置时,基本不受深度的限制
等离子弧	氮	离子气液化的极限深度①	5 090 m		
	氩		3 750 m		
	氢		1 400 m		

①等离子气不是真正液化,而是在这个深度时,气体密度接近于其液态密度。

4.1.3 水下切割的应用范围

水下氧-火焰切割法通常适用于切割低碳钢、低合金钢等易氧化的材料,不适用于切割不锈钢以及除钛以外的有色金属,最适宜切割的厚度范围为 10～40 mm。切割薄板比较困难,因为薄板在水中的冷却速度比厚板快得多,难以预热到燃点。板厚超过 40 mm 时,虽然也能切割,但操作技术要求较高。

药皮焊条切割虽然切口质量较差,但应用广泛,既可切割低碳钢及低合金钢,也可切割不锈钢及有色金属,尤其适合于切割 6 mm 以下的薄板。切割厚板时困难一些,需要采用拉锯的操作方式使焊条在切口内来回拉锯,以便将熔化金属除掉。熔化极水喷射切割是金属纯熔化过程,可用于切割黑色金属和有色金属。

等离子弧能量密度高,水下等离子弧切割法适合于切割所有的金属材料,也可以切割某些非金属材料。各种水下切割法的应用见表 4-4。

表 4-4 各种水下切割法的应用

切割方法	应用
氧-乙炔	—
氧-氢	厚度达 40 mm 的铁素体材料,维修切割达 300 mm 厚,但有困难
氧-丙烷,丙二烯	—
氧-汽油	厚度达 40 mm 的铁素体材料,维修切割达 300 mm 厚,但有困难
电弧-氧/钢管割条	厚度达 40 mm 的铁素体材料,能够切割得更厚一些,但有困难
电弧-氧/陶瓷管割条	厚度达 40 mm 的铁素体材料,能够切割得更厚一些,但有困难
手工金属电弧	铸铁、奥氏体钢和非铁材料
爆炸（爆破炸药）	沉船
爆炸（成型装药）	切割管道、电缆、工字钢,割孔等,切割厚度达 100 mm

（续表）

切割方法	应用
机械	管子开坡口,斜切管道
等离子弧(转移弧)	厚度达 75 mm 的所有的金属材料,表面割槽和开坡口
等离子弧(非转移弧)	非金属
热割矛	大断面金属混凝土
熔化极水喷射	厚度达 60 mm 的所有金属
铝热剂	切割温度约 3 500℃,能烧穿钢、礁石及混凝土
高压水	各种材料

4.1.4 水下切割工艺参数

（1）水下电弧-氧切割的工艺参数

影响水下电弧-氧切割质量和效率的工艺参数主要有切割电流、氧气压力及切割角。采用不同的割条和切割不同的材质,对其切割效率和质量的影响也不同。下面主要介绍用无缝钢管割条切割碳素结构钢时各工艺参数间的关系。

1）切割电流。

切割电流取决于工件厚度及割条的直径。被切割工件越厚,割条直径越大,切割电流也就越大。电流过小,电流不稳定,穿透力小,切割能力就会降低;但电流过大,会使割条过热,药皮爆裂,熔池宽度增大,造成熔融金属粘在切口中,进而使得工件不能被割穿。通常,切割电流 I 可按下式决定,即

$$I = Kd \tag{4-1}$$

式中,d——割条钢芯外径,mm;

K——跟工件厚度有关的经验系数,具体见表 4-5。

表 4-5　经验系数 K 值

板厚/mm	<10	10~20	>20
K 值	30~35	40~45	50

表 4-6 列出了在 10 m 水深,用直径为 8 mm 钢管割条切割不同厚度钢板时的切割电流、氧气压力及切割速度。

经水下切割施工验证,在相同板厚、相同直径的割条、相同切割材料的条件下,切割电流越大,切割速度就越大。表 4-7 列出了在切割电流不同的情况下,用长 100 mm 割条切割出的切缝长度及燃弧时间。

表 4-6　直径 8 mm 钢管割条的切割工艺参数经验值

钢板厚度/mm	切割电流/A	氧气压力/MPa	切割速度/m·h⁻¹
5～10	280～320	0.3～0.4	56～40
10～50	320～340	0.4～0.5	40～30
20～50	340～370	0.5～0.6	30～10
50～80	370～400	0.6～0.7	10～7

表 4-7　切割电流与切割速度的关系

切割电流/A	第 100 mm 割条得到的切缝长度/mm	氧气消耗量/L·min⁻¹	燃弧时间/s	
			纯燃弧时间	总燃弧时间
150	无切割效果	—	—	—
175	83	116	46	52
200	71	107	33	38
250	94	93	34	37
300	96	80	27	29
325	115	51	29	33
350	135	41	23	23

从表 4-7 可以看出,随着电流的增加,断弧时间越来越少,当电流增加到 350 A 时,几乎不断弧,这大大增加了切割长度,提高了切割速度,同时也降低了耗氧量。所以,提高水下切割电流,是提高切割效率的有效措施。

但是,切割电流不能无限制地提高。一方面是受切割电源容量的限制:一般水下电弧-氧切割使用的电源额定输出电流为 500 A,如超负荷使用,会损坏电源;另一方面是受割条直径限制:一定直径割条的最大允许使用电流是一定的,电流过大会使药皮脱落,反而影响切割效果。当然,对于切割不同厚度的钢板,即使是相同的电流和相同直径的割条,其切割速度也是不一样的,如图 4-10 和表 4-8 所示。

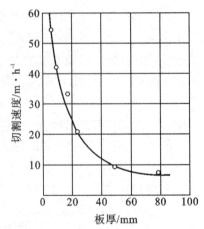

图 4-10　板厚与切割速度的关系

表 4-8　切割不同板厚时的切割速度

钢板厚度/mm	切割电流/A	氧气压力/MPa	切割速度/m·h⁻¹
5	320	0.4	56.5
8	320	0.5	43.2

（续表）

钢板厚度/mm	切割电流/A	氧气压力/MPa	切割速度/m·h⁻¹
16	330	0.5	34.2
20	330	0.6	30.6
25	340	0.6	21.6
40	300	0.6	13.3
50	360	0.6	9.7
80	360	0.6	7.9

2）氧气压力。

水下电弧-氧切割中，氧气压力是否合适对切割质量及效率影响很大。一般来说，氧气压力的大小根据被切割金属的材质、厚度及所处水深来选择。切割不易氧化的金属时，氧气压力（氧气流量）要大些；随着板厚及水深的增加，氧气压力也要随之增加。图 4-11 给出了用钢管割条切割碳素钢时耗氧量与工件厚度及水深的关系。

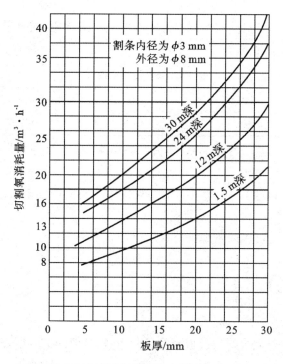

图 4-11　水下电弧-氧切割碳素钢时氧气耗量与工件厚度及水深的关系

适当增加氧气的消耗量，可以提高切割速度，而且切口质量良好，背面挂渣少，不易出现粘边现象。但氧气压力也不能无限地增加，因为一方面受导气管承压能力的限制，另一方面，若吹向割缝的氧气流量过大，会使割缝过冷、电弧不稳定，反而导致切割速度下降，如图 4-12 所示。

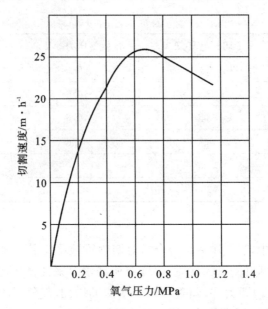

图 4-12　切割速度与氧气压力的关系

切割时氧气压力主要根据被切割工件的厚度大小来选用,同时适当考虑到氧气胶管造成的阻力损失。经验表明,在 10 m 水深切割时可选用表 4-9 推荐的氧气压力大小。

表 4-9　氧气压力的选择

钢板厚度/mm	<10	10～20	20～30	>30
氧气压力/MPa	0.6～0.7	0.7～0.8	0.8～0.9	>0.9

注:该表仅限于 30 m 长氧气胶管,若氧气胶管增加,则每增加 10 m,应给予 0.01～0.02 MPa 的压力补偿。

如果切割时水深超过 10 m,表 4-9 中的氧气压力数值应加上水深压力。一般来说,水深每增加 10 m,应增加 0.1 MPa 的氧气压力。

切割时氧气压力也可用以下经验公式求得:

$$P = p + Kd \tag{4-2}$$

式中,P——切割氧气压力(表压),MPa;

p——切割水深压力,MPa;

d——割条内径,mm。

K 考虑了氧气胶管阻力损失及板厚的经验系数,其值的选取见表 4-10。

表 4-10　经验系数 K 值的选取

钢板厚度/mm	<10	10～15	15～20	20～25	>25
K	2	2.5	3	3.5	≥4

氧气压力是影响水下切割效率和切割质量的另一个关键因素。一般来说,切割氧气压力的大小与被割金属的材料和厚度有关。对于同种材料而言,氧气压力是随着板厚的

增加而增大的,并且在一定范围内,适当增加氧气压力有利于提高水下切割效率和切割速度。如果氧气压力过小,容易产生割不透、割缝边缘毛糙等现象,进而大大影响切割效果和切割速度,如图 4-13 所示。

a.氧气压力过低时的切割效果　　　　　b.氧气压力合适时的切割效果

图 4-13　氧气压力对水下电-氧切割效果的影响

3)切割角。

切割角是指割条与工件表面上垂线之间的夹角 α。割条后倾时,切割氧气流相对切口前缘形成一个攻角,这有助于加快切割速度;但对于较厚的工件,割条后倾使得氧气流垂直分量的排渣能力不足,反而会影响切割速度。图 4-14 给出了切割厚度分别为 13 mm 及 20 mm 碳素钢板时,切割角度 α 与切割速度之间的关系。

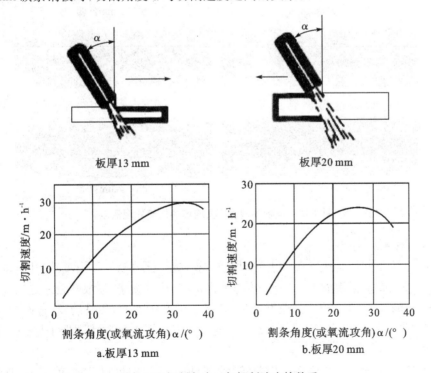

图 4-14　切割角度 α 与切割速度的关系

由图可以看出，切割厚度为 13 mm 碳素钢板时，割条的切割角 α 约为 30°时的切割速度最高；而切割 20 mm 厚碳素钢板时，割条要前倾约 25°才能达到最大切割速度。总之选择合适的切割角应根据被切割工件的厚度而定。

上述工艺参数是切割低碳钢时试验得到的结果。切割不锈钢等有色金属时，氧气流主要起吹除熔化金属的作用，所以有时候也可用压缩空气来代替氧气，但此时气体的流量应当比切割碳素钢时大一些。

4）喷嘴到钢板的距离。

图 4-15 为喷嘴到钢板距离变化对切缝外观的影响，切割速度为 0.5 m/min，由图可知，喷嘴到钢板距离的变化对切缝尺寸影响不明显，分析认为，喷嘴口太靠近工件表面，会减弱对切割熔渣的驱散能力，对切割质量有不利影响，但距离太远又会造成不必要的动能损失，对有效切割也不利。

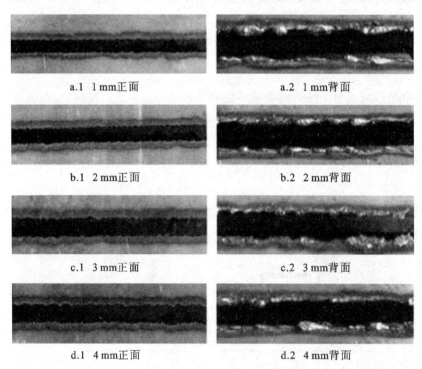

图 4-15　喷嘴到钢板不同距离的切缝外观形貌

5）切割速度。

图 4-16 为不同切割速度条件下的切缝外观形貌。此时氧气压力 1.0 MPa，排水压力 0.7 MPa，喷嘴到钢板距离 4.0 mm。可以看出，切割速度太小，造成热输入过大而产生过烧，如图 4-16a.2 所示。随切割速度增加，切缝正面变化不大，切缝后托，背面开口延迟，切割能力下降，表明切割速度过低，切口宽度和材料热影响区过大；切割速度过高，切口清渣不净。

图 4-17 为不同切割速度下的切缝横截面形貌。从图中可以发现随着切割速度的增加，切缝宽度减小，切缝变平直。切割速度对切缝下部宽度的影响最大，随切割速度增加

切缝下部宽度减小最明显。其次是切缝最大宽度的减小趋势,影响最小的是切缝上部宽度变化。此外切缝平直度标准差在随切割速度增加时总体变化也呈下降趋势。

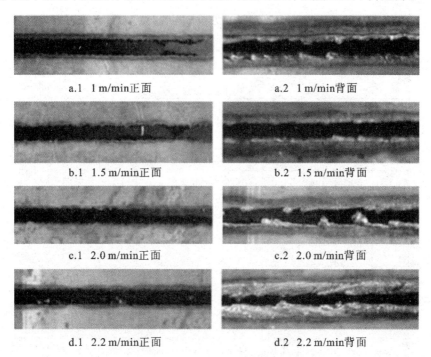

a.1　1 m/min正面　　　　　a.2　1 m/min背面

b.1　1.5 m/min正面　　　　b.2　1.5 m/min背面

c.1　2.0 m/min正面　　　　c.2　2.0 m/min背面

d.1　2.2 m/min正面　　　　d.2　2.2 m/min背面

图 4-16　不同切割速度下的切缝外观形貌

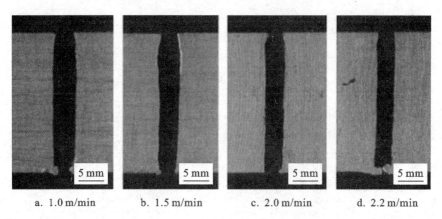

a. 1.0 m/min　　b. 1.5 m/min　　c. 2.0 m/min　　d. 2.2 m/min

图 4-17　不同切割速度下的切缝截面形貌

(2)水下等离子弧切割的工艺参数

由于受到水的冷却和压缩,水下等离子弧切割电弧的稳定性差。为确保水下引弧顺利及切割过程中电弧燃烧稳定,需要较高的电弧电压和较大的切割电流。经验表明,切割相同厚度的金属材料,水下等离子切割要比陆上切割时电弧电压提高 20%～50%,切割电流增加 1 倍以上。表 4-11 列出了水下等离子弧切割各种金属的工艺参数。

表 4-11　水下等离子弧切割各种金属的工艺参数

材料	厚度/mm	淡水深度 5 m				海水深度 10 m				备注
		切割电流/A	电弧电压/V	喷嘴孔径/mm	切割速度/m·h⁻¹	切割电流/A	电弧电压/V	喷嘴孔径/mm	切割速度/m·h⁻¹	
Q235 低碳钢	10	450	80	4.2	28.5	—	—	—	—	工作气体为 Ar50％＋N₂50％
	15+15	500	110	4.0	6.7	—	—	—	—	
	10	—	—	—	—	370	110	3.0	25.2	工作气体为 Ar
	15	—	—	—	—	400	120	3.0	18.8	
	20	—	—	—	—	480	120	4.0	9.0	
	10+10	500	110	4.0	9.25	450	110	4.5	15.5	
	25	500	100	5.0	8.0	—	—	—	—	
	40	—	—	—	—	500	140	4.5	3.0	
1Cr18Ni10Ti 不锈钢	10	450	90	3.5	21.9	—	—	—	—	工作气体为 Ar
	16	—	—	—	—	500	100	4.0	28.8	
	20	460	120	4.0	17.4	540	115	4.5	8.15	
	40	580	100	5.0	9.0	580	120	5.0	3.4	
SiCrCuNi	8	380	90	3.5	17.65	340	100	3.0	25.2	工作气体为 Ar
	10	—	—	—	—	350	120	3.0	14.3	
船用碳钢	5	—	—	—	—	340	120	3.0	38.75	工作气体为 Ar
	10	360	90	3.5	19.8	360	110	3.0	21.0	
	28	480	120	4.0	12.2	—	—	—	—	
	30	480	120	4.0	9.2	550	110	4.5	4.55	
	20	480	80	5.0	17.8	—	—	—	—	工作气体为 Ar50％＋N₂50％
	28	480	90	5.0	14.0	—	—	—	—	
	30	500	110	4.0	8.5	—	—	—	—	
	40	560	110	4.5	7.8	550	150	4.0	3.8	
铝合金	20	—	—	—	—	480	125	4.0	10.0	工作气体为 Ar
	40	520	120	5.0	8.6	570	130	4.5	1.7	
	40	480	100	5.0	1.9	—	—	—	—	

（3）熔化极水喷射水下切割的工艺参数

在熔化极水喷射切割中，作为切割电极的切割丝是连续供给的，从而提高了生产效率。此外，该切割法既可进行自动切割，也可进行半自动切割；切割时可以采用实芯割丝，也可采用药芯割丝。用实芯割丝在 200 m 水深切割低碳素钢及铝时的工艺参数见表

4-12;用药芯割丝对低碳素钢、不锈钢及铝进行熔化极水喷射切割时的工艺参数分别见表 4-13、表 4-14 及表 4-15。

表 4-12 实芯①割丝熔化极水喷射水下切割低碳素钢及铝的工艺参数

材料	板厚/mm	水深/m	水压力②/MPa	水流量/L·min⁻¹	电弧电压/V	切割电流/A	切割速度/m·min⁻¹
低碳素钢	9	0.1	+0.5	6	38	800	120
		200			48		
	16	0.1	+0.5	6	40	1 000	75
		200			50		
	25	0.1	+0.5	6	40	1 000	35
		200			50		
铝	20	0.1	+0.35	4.2	40	800	100
		200			50		
	40	0.1	+0.35	4.2	40	1 000	40
		200			50		
	60	0.1	+0.35	4.2	40	1 000	15
		200			50		

①割丝为直径 2.4 mm 的碳素钢丝。

②表中水压力值为除水深静压力之外,另行增加的压力值。

表 4-13 药芯割丝熔化极水喷射水下切割低碳素钢的工艺参数

板厚/mm	切割电流/A	切割速度/m·min⁻¹	切割电压/V	水压/MPa	切口宽度/mm 正面	切口宽度/mm 背面
9	500	0.40	25~30	0.5~1.0	2.8~3.2	3.0~4.5
	800	1.10				
	1 000	1.50				
16	600	0.30	25~30	0.5~1.0	2.8~3.2	3.0~4.5
	800	0.55				
	1 000	0.90				
20	600	0.15	28~33	0.5~1.0	3.0~3.5	3.0~4.5
	800	0.40				
	1 000	0.60				
25	800	0.15	28~37	0.5~1.0	3.0~3.5	3.5~5.0
	1 000	0.35				
30	1 000	—	30~35	0.5~1.0	3.0~3.5	4.0~5.5

注:割丝直径 φ2.4 mm。

表 4-14　药芯割丝熔化极水喷射水下切割不锈钢的工艺参数

板厚/mm	切割电流/A	切割速度/m·min⁻¹	切割电压/V	水压/MPa	切口宽度/mm	
					正面	背面
8	500	0.60	22～28	0.5～1.0	2.8～3.2	3.0～4.0
	800	1.30				
	1 000	1.70				
12	600	0.55	22～28	0.5～1.0	2.8～3.2	3.0～4.0
	800	0.90				
	1 000	1.30				
18	800	0.45	25～30	0.5～1.0	2.8～3.2	3.0～4.0
	1 100	0.80				
25	800	0.20	25～30	0.5～1.0	3.0～4.0	3.0～4.5
	1 100	0.45				

注:割丝直径 φ2.4 mm。

表 4-15　药芯割丝熔化极水喷射水下切割铝的工艺参数

板厚/mm	切割电流/A	切割速度/m·min⁻¹	切割电压/V	水压/MPa	切口宽度/mm	
					正面	背面
8	400	0.80	25～30	0.5～1.0	2.8～3.2	3.0～4.5
	500	1.10				
	600	2.00				
12	500	0.85	25～30	0.5～1.0	2.8～3.2	3.0～4.5
	600	1.30				
	700	2.00				
25	600	0.25	28～33	0.5～1.0	3.0～3.5	3.5～5.0
	800	0.50				
	1 000	1.00				
45	800	0.18	32～37	0.5～1.0	3.0～3.5	5.0～7.0
	1 000	0.32				

注:割丝直径 φ2.4 mm。

4.1.5 水下电弧-氧切割工艺

(1)一般操作程序

1)切割前的准备。

①切割前潜水员应首先对切割作业现场进行调查,仔细了解切割工件的结构特点、表面状态及周围环境情况。根据调查情况,制定出切割实施方案。

②按切割方案对拟定的切割线进行清理,去除表面上的泥沙、海生物、铁锈以及不利于切割操作的障碍物等。

③接好电、气线路,并进行检查,使之处于完好状态;备足消耗材料,如氧气、割条等。

2)下潜进行切割。

割炬可由潜水员自己带到切割地点,也可由水面工作人员通过信号绳传递给潜水员。割条可放置在妥善的容器内由潜水员带到水下,放到拿取方便的地方,也可装入特制的小口袋中,系在身上。潜水员首先要使自己处于稳定、方便、安全的位置上,然后一手握住割炬,一手持割条并将它夹入割炬的夹头内,拧紧螺钉将割条固定,握住割炬手柄,使割条接近切割点,准备引弧进行切割。引弧前,如无自动供氧装置,首先要开启割炬上的氧气阀门,给出一个较小的气流,以防止灰尘堵塞割条内孔。最好通知水面上工作人员供电,引弧进行切割。

引弧的方法可与水下手工电弧焊引弧一样,可用划擦法,也可用触动法。引弧后,当金属还未被割穿时,潜水员应稳定住割炬,直到割穿后再开始沿切割线进行正常切割。当割条消耗到离钳口 30 mm 左右时停止切割,通知水面上工作人员停电,以便更换割条,然后再继续切割,直到把工件割开。

3)切割后的检查与补割。

切割结束后,必须对割缝进行检查,看是否有漏割或未完全割透的地方,如有上述现象,需进行补割。

判断是否有漏割及未完全割透的现象,可采用如下几种方法。

①在可见度较好的水中,可通过观察切割时喷射的火焰及熔渣的方向来判断。当割缝没有被割透时,暗红色的火焰向割条方向反射,喷出的氧气也因受阻而从正面上浮,使得周围的水剧烈搅动;如果割缝已被割透,熔渣会随氧流向背面冲出,火焰的红色减退而微带蓝绿色,而且气流通畅、气泡少,水的波动声也小。

②在可见度较低的浑水中切割时,潜水员不易观察到火焰及熔渣的喷射情况,但可凭借经验来判断。若割缝未被割透,气流会受阻,对割炬的反冲力增大,割炬跳动的现象加剧;若割缝已被连续割透,则这种割炬跳动的现象较弱,感觉割炬很平稳。

③对已切割完的割缝,可用细铁丝或薄铁片等插入割缝中沿割缝检查,如通行无阻,则表明割缝已全部割透。

（2）水下电弧-氧切割的操作方法

1)起割点的操作。

一般情况下,水下切割过程多从被切割工件的边缘开始,向中间切割,直至切断;但有时受结构特点或环境所限,需从中间开始切割。

从工件边缘开始切割时,首先将割条端部触及工件边缘,并垂直于切割面,使割条内孔骑到工件边缘棱线上,然后送电起弧。最好采用接触法引弧,开始时最好不要移动割条,待工件边缘形成凹形口后再慢慢向中间移动,开始正常切割;也可在边缘附近(离边缘线的距离不超过 10 mm)引弧,引弧后迅速向边缘移动,使边缘口形成凹口,然后再向中间逐步切割。

从中间开始切割时,要比从边缘开始切割容易一些。首先将割条端部触及工件,使之与工件的切割面成 80°～85°角,然后采用接触法或划擦法引弧。引弧后保持原地不动,直至割穿后再开始正常切割。

2)正常切割的基本操作。

正常切割是指起始切口形成后的切割过程,基本操作方法有以下 3 种:支撑切割法、维弧切割法、加深切割法,如图 4-18 所示。

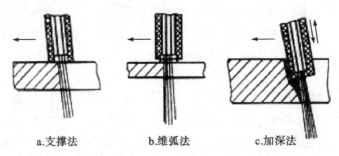

a.支撑法　　　　　b.维弧法　　　　　c.加深法

图 4-18　水下电弧-氧切割基本操作方法示意图

支撑切割法是指在引弧形成起始切口后,割条倾斜并与切割面保持 80°～85°角,利用割条药皮套筒支撑在工件表面上,割条移动过程中,始终不离开工件的电弧-氧切割方法,操作方法如图 4-18(a)所示。该方法既可自左向右,也可自右向左,还可靠在规尺上切割,操作方便,效率较高,适用于中、薄板的水下切割。

维弧切割法是指起始切口形成后将割条提起,离开工件表面 2～3 mm,并与工件保持垂直,然后沿切割线均匀地向前移动,始终维持电弧不熄灭,操作方法如图 4-18(b)所示,该方法适用于厚度在 5 mm 以下薄钢板的水下切割。由于潜水员在水下保持身体的稳定性较困难,故电弧不易保持稳定。另外,切割质量也略低于支撑切割法,因此实际应用中不大采用维弧切割法。

加深切割法是指在起始切口形成后的切割过程中,割条不断伸入割缝中,使割缝不断加深,直到割穿工件,如此往复进行,最终将工件割开,如图 4-18(c)所示,该方法适用于采用支撑切割法一次不易割透的厚板或层板。操作时割条上下移动要协调均匀,以保持电弧稳定燃烧。

3)各种位置的水下电弧-氧切割技术。

根据被切割工件或结构在水下的位置,可将水下电弧-氧切割分为平割、立割、横割及仰割操作技术。横割操作是平割及立割操作在横向被割工件或结构上的运用,而仰割操作不宜应用于这种位置。

①平割操作技术。潜水员下潜至切割作业点后,处于俯视割线的位置,一手持割炬,一手扶按在割线方向的位置。这样有助于切割位置的稳定,使割缝保持平直。如在浑水中或能见度很差的水域中切割时,这样就可借助于割线上的导向定点(也可用导向绳导

向)来指示切割方向。切割开始前,应整理好水面供气管、信号绳、切割电缆等设备,使之处于手持割炬的一侧,以免被电弧及飞溅出的熔渣烧坏。切割开始后,随着电弧的引燃及割缝的延伸,潜水员应保持住平衡的姿势,同时沿着割缝的方向移动身体的上部,当达到最大限度后,再移动整个身体的位置,继续进行切割。切割过程中最好能保持切割的连续性,如果必须中断切割,则在切割下一段时,应从上段割缝的终点处开始切割。为使割缝整齐,可借助导尺(即靠模)进行切割。

②立割操作技术。潜水员下潜至切割作业点后,处于同割线平行的位置。切割开始前,应先整理好水面供气管、信号绳、氧气管及切割电缆等设备,可将过条的氧气管及切割电缆搭在被割工件上,但应注意不要使它们处于熔渣流动的线路上,以免被烧坏。

③横割操作技术。横割时,如果工件上端处于自由状态,为防止工件被割断后塌落砸伤潜水员,切割前应先在工件上端割出孔洞以便拴上钢缆,用工作船上的吊车吊住钢缆,然后再进行切割。如果要切割下来的工件较大,不要将工件完全割断,应在边缘处留下一点未割金属,以确保吊车未起吊之前该工件不会自由移动。待潜水员整理好切割装备并撤离水面或躲到其他安全的地方以后,再启动吊车将留下的那一小部分金属拉断。

4)悬空位置的水下切割技术。

水下切割作业中,许多工件处于悬空位置,如果直接切割,会给在悬空状态下工作的潜水员造成很大的危险性,切割效率也低。因此,首先应使潜水员稳定住身体,能安装工作台的尽可能安装,不能安装工作台的可制作一只吊篮,让潜水员站在吊篮中进行切割。另外,也可利用缆绳稳定住身体。

对于悬空位置的切割,应十分注意切割顺序。对于一般工件或结构进行横割或立割时,应自上而下逐块切割。但对于水平管的切割要严加注意,都要在钢管的上半周处留一段距离,最后再切割或用吊车拉断。

4.1.6　水下等离子弧切割工艺

水下等离子弧切割是将工件置于水下 40～80 mm 处,利用水再压缩等离子弧来切割工件的方法,是一种极为先进的切割技术。水下等离子弧又称水再压缩等离子弧或水射流等离子弧,是一种"湿式"等离子弧。在开始阶段,气体首先由割炬中的分配器送入,电极与喷嘴之间的高压使得气体电离,形成非转移弧。之后,割炬加大电流,凭借割炬已有的非转移弧将电弧引入工件,形成转移弧,至此,再将非转移弧熄灭。此类割炬的喷嘴由陶瓷外嘴与紫铜内嘴组成,如图 4-19 所示。由于陶瓷材料良好的绝缘性能,使得在切割过程中一般等离子弧易产生的"双弧"问题得以彻底解决,从而大大地提高了割炬中电极和喷嘴的使用

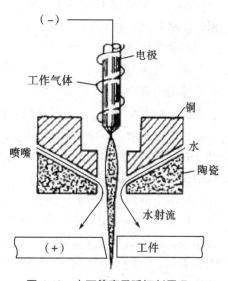

图 4-19　水下等离子弧切割原理

寿命,使割炬可长时间工作。压缩水经内、外喷嘴的间隙流出,并环绕在等离子弧周围喷射,其作用如下所述。

①对等离子弧进行再次压缩和保护。

②对喷嘴进行冷却,使其满足于大电间的工作。

③冷却工件切口表面及边缘,提高了切割质量。

等离子弧切割有两种方式:水幕中等离子弧切割和水下等离子弧切割,后者应用更为普遍。水下等离子弧切割与氧气切割相比有以下优点。

①切割速度快。

②切口热影响区小,工件变形小。

③切口表面清洁,粗糙度低。

④可切割各类金属及合金。

⑤劳动环境好,安全性高。

与常规等离子弧切割相比,它有以下优点。

①切割质量好,切口一侧垂直度高。

②无双弧现象,可延长喷嘴寿命。

③工作环境好,无弧光辐射,无烟尘,噪声小。

④可实现大电流、长时间切割。

对于厚度超过 50 mm 的板材,较难采用水下等离子弧切割。此外,切口受水作用易生铁锈。

(1)水下等离子弧切割系统的组成

水下等离子弧切割一般采用数控机床,它主要由切割电源、水下等离子割炬、割炬高度控制系统、水冷却系统、气路系统和水箱等部分组成。

1)等离子弧切割电源。

KLG-600 等离子弧切割电源主要由主变压器、整流装置、气体供给装置、引弧装置、保护线路及割炬电缆组成,该设备技术参数如下。

空载电压/V	400
输出电压/V	120～200(连续可调)
输出电流/A	100～600(连续可调)
输出功率/kW	120(暂载率为 100%)

采用较高的空载电压是为了满足水下等离子引弧的需求,连续可调的电流和电压有利于切割规范的调节及实现。为了减小引弧电流对喷嘴和工件的冲击,采用了电流爬坡式引弧,该引弧过程由计算机控制。

2)水下等离子弧割炬。

PAC-500 型水下等离子弧割炬主要由割炬体、电极、喷嘴、分配器、保护套和夹持部分组成。该型割炬可成功地解决水下引弧和抗高频高压问题,使电极和喷嘴的使用寿命大大提高,达到了国外同类产品的水平。该割炬电极和喷嘴的对中性好,精度高,其最大切割电流为 600 A,最大切割厚度为 50 mm,割炬的初始位置由割炬初始探测器控制,在每次引弧前,首先下降到距钢板一定距离的位置上,然后进行引弧。引弧后割炬高度根据电弧电压自动调节,这样就可保证割炬在运动过程中,与工件表面的距离保持不变,从而保证了切割质量。

3)水冷却系统。

水下等离子弧切割采用的切割电流较大,因此对割炬的冷却要求较高,同时对压缩水的压力和流量也有较高的要求。因此需配备专门的冷却水系统,它由两部分组成:一路对电极、电缆和枪体进行冷却;另一路则对等离子弧进行再压缩,同时冷却喷嘴和工件。在水路中安装水压继电器可保护割炬在系统水压或水流量不足时不烧损。

4)气路系统。

由于水下等离子弧切割的特殊需要,在气路系统中有高压气和低压气两个气源。在等离子弧引弧阶段,采用低压供气方式;当非转移弧转变为转移弧时,等离子气体切换到由高压气体供给。

5)水床平台。

水床平台是用钢板焊接的,在其底部有一个反扣的空气室。在准备切割时,向空气室中冲入压缩空气,将其中的水压进平台,直到覆盖工件表面,一般情况下,工件应在水下 40~80 mm。待切割完毕后,排出空气室中的气体,平台上的水就会回流到空气室中,工件露出水面。水位可以任意调节,靠压缩空气的作用,水位升降非常迅速。平台内的切割残渣要定期清除,水也要定期更换。

(2)切割工艺

1)切割工艺流程图的设计。

水下等离子弧切割工艺流程图如图 4-20 所示。

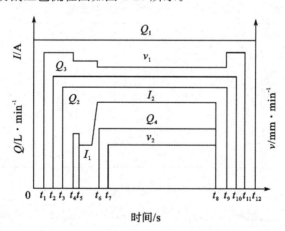

Q_1—冷却水流量;Q_2—压缩水流量;Q_3—引弧气流量;Q_4—工作气流量;
I_1—先导弧电流;I_2—切割电流;v_1—割炬升降速度;v_2—切割速度

图 4-20　水下等离子弧切割工艺流程图

2)切割工艺试验。

①试验条件。

试验材料:低碳钢板、不锈钢板、铝板。

试验电源:KLG-600 等离子切割弧电源。

试验割炬:PAC-500 型水下等离子弧割炬。

工作气体:氮气,纯度为 99.995%。

试验设备:HPC-3000 型数控切割机床。

②水下引弧试验。

水下等离子弧切割引弧较为困难,于是分别研究了气压、水压、高频电压及空载电压等参数对引弧的影响。通过试验,确定了最佳引弧参数,如表 4-16 所示。

表 4-16　引弧工艺参数

引弧气压/MPa	引弧水压/MPa	非转移弧电流/A	空载电压/V	割炬到工件的距离/mm
0.2～0.3	0.15～0.25	70～100	400	6～15

③切割工艺参数的确定。

水下等离子弧切割的主要工艺参数有:切割电流、电弧电压、切割速度、工作气压与流量、压缩水压力与流量、电弧高度及割炬寿命等。水下等离子弧切割一般采用较大的工作电流,以获得较高的切割速度;切割电源采用较高的空载电压,有利于提高引弧成功率,电弧电压大小主要取决于割炬的结构、气体的压力和流量、电弧的长度等因素,但随板厚的增加,电压也相应升高;切割速度由工件厚度、切割电源、电弧电压和喷嘴孔径等决定,在保证切割质量的前提下,应尽量提高切割速度。通过大量的试验与分析,确定了合理的切割工艺参数。低碳钢的最佳切割工艺参数如表 4-17 所示。

表 4-17　低碳钢切割工艺参数

板厚/mm	喷嘴孔径/mm	电流/A	弧压/V	速度/mm·min^{-1}
6	4.2	350	150	3 800～4 000
12	4.2	400	150	1 800～2 100
20	4.2	450	170	1 200～1 500
25	4.8	550	170	900～1 100
30	4.8	600	180	700～900

④工件切口质量。

由于压缩水的压缩、保护作用,以及它对工件口的冷却作用,使得切口较常规等离子弧切口要窄,切口上缘倒角较小,切口热影响区小。切口一侧为垂直面,另一侧是倾斜面,这是切向送进等离子气体造成的。一般对于右旋气流来说,沿着割炬前进方向看,左侧边为斜边,右侧切口为直边,见图 4-21(a)。因此,切口的垂直面与割炬的运动方向有关,故在切割前必须选择好割炬的运动方向,才能获得所需要的直边切口,见图 4-21(b)。由于切割时,整个工件浸没在水中,所以切割后工件变形极小,非常适合长的中薄板切割。试验还表明,采用水下等离子弧切割的切口表面挂渣现象要比常规等离子弧切割的小。

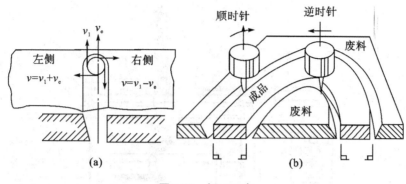

图 4-21 切口示意

4.2 水下切割技术应用

4.2.1 高压磨料水射流水下切割不锈钢

在反应堆退役过程中,有大量的构件需要切割拆除。为了后续材料研究,切割拆除时要避免对材料的热影响,要求构件变形量小。对于有夹铅层的构件,由于铅熔点低,热切割容易形成铅蒸气,操作人员易铅中毒,故需要一种冷切割方式对堆内构件进行切割。高压磨料水射流切割作为一种新型切割方法,因其高能冷态的特点,可以适应各种材料和厚度的切割,可保障被切割体变形小,没有热影响,可广泛应用于反应堆堆内构件的退役切割。

反应堆堆内构件材料以不锈钢为主,材料厚度从几毫米到 100 mm 不等。高压磨料水射流切割时,根据被切割体的厚度,需调整切割参数,以达到最佳的切割效率。本项目采用自行研制的高压磨料水射流切割装置对不锈钢进行水下切割试验,分析水淹没状态下高压磨料射流切割参数对不锈钢切割性能的影响,并通过建立切割参数数学模型,为反应堆退役切割过程中根据切割厚度选取最优切割参数提供参考。

(1)试验装置

试验采用的高压磨料水射流切割装置如图 4-22 所示。装置包括:执行机构,执行机构控制系统,高压系统,净化系统,机械手和机械手控制系统。其各部分功能为:执行机构由数控系统控制做 4 自由度运动,带动其下的机械手做粗调对刀;机械手通过数控系统闭环控制做 6 自由度运动,其第六轴末端夹持切割刀头,实现切割头预设轨迹的高精度运动;高压系统将产生的高压水通过高压管路输送至切割头,高压水和磨料在切割头混料腔混合成高动能的高压磨料水,并喷射出切割头对被切割体进行切割。切割过程中产生的切屑、废弃磨料和废水由净化系统进行净化处理系统。

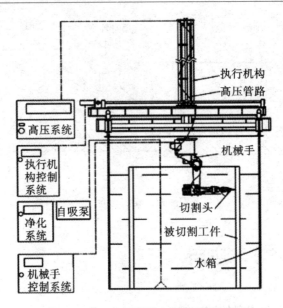

图 4-22　高压磨料水射流切割装置示意图

（2）试验方法

试验中被切割材料为 06Cr18Ni11Ti 不锈钢。试验时，根据被切割体的结构形状，将切割轨迹程序输入控制系统，切割头按照预设轨迹对被切割体进行切割。喷嘴孔径为 0.3 mm，磨料采用 60 目石榴石，分别采用 320、350、380 MPa 的切割压力，切割靶距分别为 2、5、8 mm，采用 6 档切割速度（5、20、40、60、80、110 mm/min）对不锈钢进行切割。切割后检验切透厚度，并记录试验数据。

图 4-23 为不锈钢切割断面图，切割厚度 H 较厚时，磨料不能一次将钢板切透，而需要对钢板进行研磨，同时移动切割头，使切割断面形成由钢板切割内侧向外侧扫射的形貌。根据 Hashish 对磨料水射流切割轨迹的可视化研究结果，图中切割断面由上至下分为切割磨削区、变形磨削区和反射冲蚀区。

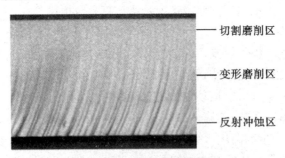

图 4-23　不锈钢切割断面图

（3）试验数据分析

图 4-24 显示了相同靶距（2 mm）条件下，切割厚度 H 随切割速度 V 和切割压力 P 变化的关系。由图可以看出，切割过程中，V 越小，H 越大，随着 V 增加，H 呈下降趋势；相同速度情况下，P 越大，磨料水射流获得的动能越大，H 越大，H 随着 P 增大而增加。图

4-25 显示了相同切割压力(1 320 MPa)条件下,H 随 V 和靶距 S 变化的趋势。由图可以看出,相同 P 和 V 条件下,2~8 mm 靶距 S 范围内,S 越大,磨料水动能损失越大,H 越小,故 H 随 S 增大而减小。故 H 与 V 和 S 呈现反比关系,与 P 呈正比关系。

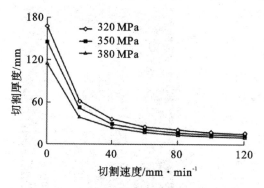

图 4-24　相同靶距下压力、速度与切割　　　图 4-25　相同切割压力下靶距、速度与切割
　　　　　厚度的关系　　　　　　　　　　　　　　　厚度关系

表 4-18　试验数据

序号	压力/MPa	靶距/mm	速度/mm·min⁻¹	实际切割厚度/mm	计算切割厚度/mm	误差/%
1	320	8	5	40	41.897 4	4.743 5
2	320	8	40	13	13.550 9	4.237 827
3	320	5	20	28	28.123 1	0.439 569
4	320	5	60	12	11.910 9	−0.742 52
5	320	2	80	14	13.724 1	−1.970 78
6	320	2	110	11	10.698 6	−2.739 74
7	350	8	5	43	45.475 9	5.757 9
8	350	8	40	17	16.811 6	−1.108 14
9	350	5	20	37	34.890 2	−5.702 13
10	350	5	60	14	14.777	5.549 755
11	350	2	80	17	17.026 5	0.155 639
12	350	2	110	13	13.273	2.099 943
13	380	8	5	45	46.179	2.62
14	380	8	40	21	20.490 1	−2.427 97
15	380	5	20	43	42.524 5	−1.105 9
16	380	5	60	18	18.010 3	0.057 109
17	380	2	80	21	20.752	−1.181 05
18	380	2	110	16	16.177 2	1.107 66

4.2.2 金刚石串珠绳锯水下切割海底输油钢管

（1）金刚石串珠绳锯水下切割试验系统

金刚石串珠绳锯水下切割试验系统主要由试验平台、金刚石绳锯机水下主体、液压控制系统、检测系统、金刚石串珠绳、单层海底油气管道、钢管等组成。金刚石串珠绳锯水下切割试验在专用于水下装置试验的室内水池中进行，该水池规格（长×宽×深）：50 m×25 m×10 m，能够模拟海流、海浪等运动，可以满足水下切割钢管的工况需要。金刚石串珠绳锯安置在专用的水下切割装置——金刚石绳锯机水下主体上，如图 4-26 所示，由该装置完成管道的切割作业。

1—切割主机；2—金刚石串珠绳；3—基座

图 4-26 金刚石绳锯水下主体

水下金刚石绳锯机的主要参数：

①外形尺寸（长×宽×高）：1 500 mm×900 mm×2 800 mm。

②重量：～1350 kg。

③主动轮工作转速（驱动马达）：500～1 200 r/min。

④升降机工作转速（进给马达）：20～755 r/min。

⑤切割工作进给速度：1.0～70 mm/min。

⑥快退速度：50～225 mm/min。

⑦切割最大行程：1 300 mm。

水下绳锯机液压传动控制系统采用船上与水中电缆通讯方式实现绳锯机水中的控制操作。液压系统有船上液压动力源及控制柜与水下液压传动阀组成，动力源主要由船上控制柜、油箱、三相交流电机与变量泵、油口接管组成。该绳锯选用了意大利 MARINI 公司生产的串珠绳，其主要参数如表 4-19 所示，串珠绳如图 4-27 所示。

图 4-27 金刚石串珠绳

表 4-19　金刚石串珠绳的主要参数

串珠直径	钢丝绳直径	每米串珠个数	串珠制作方式	串珠固定方式	金刚石磨粒粒度	联结方式
11.5 mm	4.8 mm	40 个	烧结式	弹簧注塑式	40/50 目	钢接头

(2)金刚石串珠绳锯水下切割试验

对于切割复合材料和不规则形状的构件采用一般切割方法很难进行加工,即使能够进行加工,加工工艺也会很复杂。利用金刚石串珠绳锯进行切割加工时工艺简单,操作容易,能够满足加工技术要求。单层海底油气管道属于复合材料,包括非金属与金属材料,主要有:混凝土配重层、聚乙烯防腐涂层、聚氨酯保温层防腐漆和钢管,由于钢材硬度、强度比非金属材料高很多,切割钢材难度大,所以,此次试验就直接选用海底石油输送钢管进行试验,切割初始设置参数如表 4-20 所示。

表 4-20　管道切割试验初始设置参数

管道直径/mm	管道材质	系统额定压力/MPa	锯绳张力/N	切削速度/(m/s)	油温/℃
<609@18	DH36	20	1 000～1 150	22.3	18
工进 1	工进 2	工进 3	快进	回退	进给位移
mm/min	mm/min	mm/min	mm/min	mm/min	mm
1.5～1.7	5～5.6	5.5～7.3	30～35	65～70	0

试验过程中进行系统压力、锯绳张力、进给位移、切削速度、油温等参数的测量,其中系统压力为液压源压力传感器数码显示,锯绳张力通过张力传感器由水中传送至控制柜液晶显示,切削速度通过数位化光电转速计测得,进给位移通过主进给轴的转速传感器测得。初次试验测得的数据如表 4-21 所示。整个试验约 40 min,油温由 16℃升到 39℃时平衡,试验后吊出绳锯机,其管道切口如图 4-28 所示。

图 4-28　管道切口

表 4-21　金刚石串珠绳水下切割数据

切割管道部位	时间/min	切割框架进给位移/min	锯绳张力/N	系统压力/MPa	工进速度/(mm/min)
上部 S_1	20	47	875	16.5	工进 1 1.5～1.7
		56	915		
		63	915		
		71	935		
		79	930		
中上部 S_2	7	59	855	18	工进 2 5.5～6
		68	810		
		77	850		
		87	960		
		96	1 215		
中上部 S_3	10	63	630	16.2	工进 3 4～4.25
		73	620		
		83	635		
		93	660		
		103	660		

　　进行初次试验分析后,调整进给速度初值分别为:工进 1 速度,1.7 mm/min;工进 2 速度,4 mm/min;工进 3 速度,5.4 mm/min。再次进行水下切割试验,测得数据如表 4-22。实际试验切割时间 1 h 05 min,切割管道弦长 150 mm,垂直距离 125 mm。

　　(3)初次切割试验分析

　　从表 4-22 切割数据可以看出,进给速度工进 1(1.6～1.7 mm/min)切割管道上壁,切透壁厚前,S_1＝18 mm 段,切割过程中锯绳张力基本在 875～935 N 变化,张力变化值 ≤60 N,没有出现张力增加情况,说明此时的进给速度与切削速度相匹配;系统压力额定 20 MPa,实际为 16.5 MPa,切割负载低于额定负载,说明金刚石串珠磨削钢材速度与进给速度吻合,即磨掉的母材与进给速度一致,切割负载不再增加,磨粒处于正常磨损状态,此时为较理想切割状态。切割框架进给位移 79－47＝32 mm,大于管材实际切割位移 S_1＝18 mm,切割时锯绳存在一定的挠度,产生垂直母材的法向切割力,有利于切割作业。

　　当切透壁厚时,进给速度换工进 2(5.5～6 mm/min)切割 S_2＝20～25 mm 段;锯绳张力随着进给位移的增加而增加,由 855 N 增至 1 215 N,说明进给速度大于切削速度;系统压力由 16.5 MPa 增至 18 MPa,切割负载增加,低于额定负载,也说明金刚石串珠磨削钢材速度小于进给速度。随着锯绳张力的增加,锯绳挠度增大,垂直母材的法向切割力增大,磨粒处于非正常磨损状态,金刚石磨粒磨损大,切割效率下降,不是理想切割状态。

调整工进 2 速度,降至 4～4.25 mm/min 切割管侧壁 S_3＝25～30 mm 段,可看出,张力重新维持在 620～660 N 变化,张力变化值≤40 N,没有出现张力增加情况;系统压力由 18 MPa 降至 16.2 MPa,小于切透壁厚前 S_1 段,这与实际切割面积小负载小的理论分析相吻合,同样,也说明此时的进给速度与切削速度相匹配,也为较理想的切割状态。由上可得出:当金刚石绳锯切削速度一定时,进给速度与管道切口宽度 L、面积 S 有关,而管道切口宽度 L、面积 S 又由管道直径、切割部位决定,不同的管道直径、切割部位相对应不同的进给速度。此次试验切割的材质为 DH36,屈服强度 σ_b＝535 MPa,弹性模量 E＝210 GPa,比普通管材 10♯(σ_b＝335 MPa)或 20♯(σ_b＝410 MPa)钢强度高、硬度大,因此,此次试验所确定的切割参数可以应用于其他普通钢材。

表 4-22　金刚石串珠绳再次水下切割数据

位移显示 /mm	张力检测值 /N	时间	系统压力 /MPa	进给速度 /(mm/min)	油温 /℃
0	535	15:00:00	16.4	快进 46	18
110	455	15:04:10			
120	468	15:04:23	19		
180	705	15:05:55		工进 3 5.4	20
186	643	15:07:01	17		
254	841	15:19:34	18		
257	859	15:20:59		工进 1 1.91	
263	856	15:23:56			25
264	848	15:24:20		工进 2 4.9	
273	809	15:26:06	17		
暂停					
241	855	15:30:40		工进 2 6	25
247	840	15:31:40			
253	835	15:32:40	16.2		26
265	878	15:37:55	16.5	工进 1 2.1	
310	862	15:57:54			35
314	870	15:59:19	17	工进 2 5.2	36
357	950	16:06:01			40

(4)金刚石串珠的磨损测量

试验过程中随机选取 10 个串珠为研究对象,根据试验的实际进程在不同的时间点对其直径进行了测量,测量中使用千分尺对每个串珠直径沿圆周方向测量 4 次,取其平均值为该次的测量值,每个串珠直径随切削时间的变化趋势如图 4-29 所示。由此数据可

分析串珠绳磨削比与进给速度之间的关系,在这里定义串珠绳的磨削比是指单位时间内切削金属的面积与串珠直径变化量的比,即

$$G=\frac{S}{\triangle} \tag{4-3}$$

式中,G——串珠绳的磨削比,mm^2/mm;

   S——单位时间内切削金属的面积,mm^2/min;

   $\triangle$——单位时间内串珠直径的变化量,mm/min。

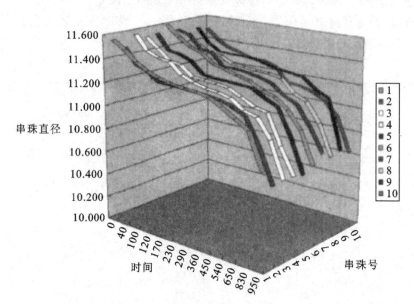

图 4-29 串珠直径随切削时间的变化趋势

图 4-30 为串珠绳磨削比与径向进给速度之间的关系曲线。由图中可以看出,随着进给速度的增加,串珠绳的磨削比下降,也就是说串珠绳的磨损量增大,串珠绳的寿命缩短。在切割钢管壁厚前,当串珠绳进给速度在 1.75~2.75 mm/min 之间变化时,串珠绳的磨削比变化幅度较小,即存在着一个最佳的径向进给速度,使串珠绳的磨削比最大,磨损量最小,串珠绳的寿命较长。

(5)再次试验分析

由表 4-22 数据可看出锯绳

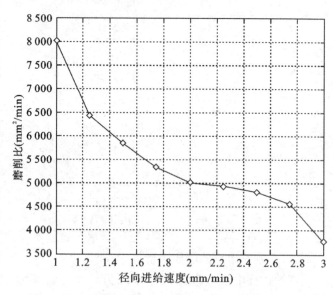

图 4-30 磨削比与径向进给速度之间的关系

张力维持在 809~950 N,没有单调向上发散,系统压力在 16.2~19 MPa,始终在额定压力 20 MPa 下时,说明切割力矩满足切割要求,油温由 18℃升到 40℃后基本呈缓慢上升趋势,在随后切割 3 h 达到 48℃后,维持平衡,说明切割进给速度基本上满足切削速度,能够完成钢管的切割作业,整个切割作业由 PLC 系统根据锯绳张力大小自动调节工进速度。由进给速度的切换看,在实际切割钢管中,工进 3、工进 2 切割钢管两侧壁速度仍快,锯绳挠度大,张力大,系统负载大,压力升高,磨损大,这种现象一部分也是由于锯绳金刚石磨粒已经在初次试验时磨损造成的。如果只用工进 1 切割,速度慢,作业时间长,因此,为了在相对短时间内将钢管切割下来,最佳的切割方法是:结合工进 1 与工进 2、工进 3 的速度进行切割,即用工进 1 切割管道壁厚以后,速度切换到工进 2 或工进 3 进行切割;当锯绳张力超过设定值时,再将速度切换到工进 1,随着进给速度的下降,锯绳张力将下降;在锯绳张力低于设定值一定时间后,再次切换到工进 2 或工进 3,依次循环,直到完成管道的切割作业。

(6)结论

本试验进行了金刚石串珠绳锯水下切割钢管试验的研究,通过搭建试验系统,设置切割初始参数,分析了串珠绳切割管道的面积和切口宽度与进给位移的关系,进行了水下切割管道前期试验与分析,确定了切割工艺参数并再次试验,验证了切割参数进行海底管道切割的可行性。目前,该绳锯已经交付使用部门,予以了纳米金刚石磨粒磷酸酯化改性物。与改性前相比,它在 pH 值大于 5.5 的水基溶液中的分散稳定性得到提高。试验结果表明:纳米金刚石磨粒磷酸酯衍生物浓度为 0.05%~0.075%时,可明显提高水基基础液的承载能力。

4.2.3　实例分析

渤中 25-1 油田单点共有 3 根钢桩,钢桩灌入深度为 50 m,钢桩的直径 1 830 mm,壁厚 60 mm,只要将基盘上的三根钢桩切断,就可对单点结构进行整体吊装。单点的基盘结构如图 4-31 所示。

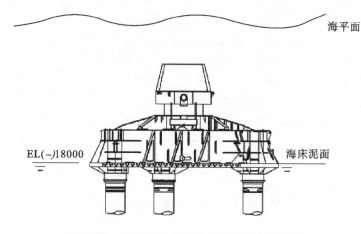

图 4-31　渤中 25-1 油田单点桩基结构示意图

（1）切割前的准备工作

在对钢桩进行切割前,需对切割位置附近进行清理,包括钢桩外部吹泥造坑、海生物清理、切割位置打磨处理、外切割导轨安装、外切割链条安装、相关管线连接、外切割设备调试等内容。

吹泥造坑:钢桩的切割位置在基盘的防沉板以下,防沉板与泥面接触,因此在切割前需要对钢桩外部进行吹泥造坑,以便外切割设备的安装。

海生物清理:钢桩长时间暴露在海水中,表面附着了大量的海生物,最厚之处的海生物厚度可达 20 cm 以上,为不妨碍安装切割设备,在切割之前必须对切割位置附近的海生物进行彻底的清除。

切割位置打磨:高压水研磨料外切割设备在切割过程中围绕着钢桩外壁面行走,如果钢桩外表面有较大的障碍物或者凹陷会造成切割小车(图 4-32)卡住或喷嘴堵塞,因此必须保证壁面的光滑。

图 4-32　高压水研磨料外切割小车

外切割导轨及链条安装:为防止外切割小车在切割过程中行走的轨迹脱离设定的水平面,造成螺旋切割,因此需要在小车滚轮的下方安装轨道,以限制小车的运动轨迹,在安装完轨道后可以用链条将外切割小车固定在钢桩上,外切割小车的安装方法如下。

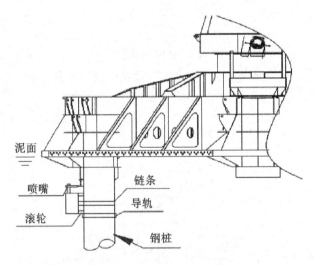

图 4-33　外切割小车安装示意图

1)检查吹泥造坑的深度是否满足小车的安装要求。

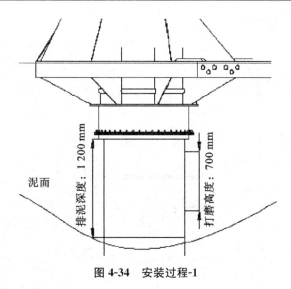

图 4-34　安装过程-1

2)安装轨道支撑装置。

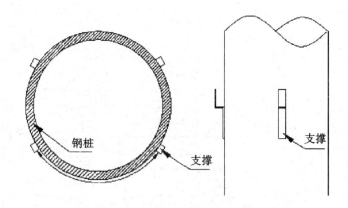

两个导轨的支撑间距为 1 500 mm 左右

图 4-35　安装过程-2

3)安装导轨。

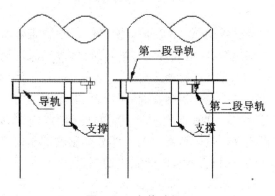

图 4-36　安装过程-3

4)安装链条及外切割小车。

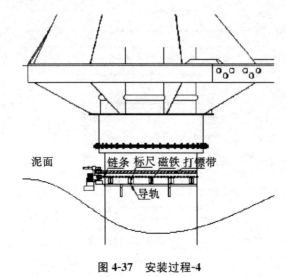

图 4-37 安装过程-4

5)连接切割管线、液压管线及牵引绳。

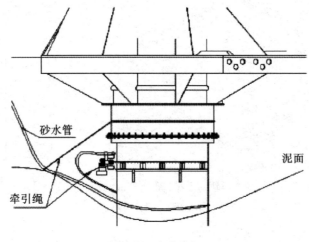

图 4-38 安装过程-5

高压水研磨料外切割设备调试：在水下安装工作完毕后需要对链条的松紧度、水下录像系统、切割压力、切割速度、砂水混合比等进行调试，以确保切割过程的顺利进行。

（2）钢桩外切割

高压水研磨料外切割系统包括控制室、高压水泵、脐带盘、空气压缩机、液压动力站、液压手动泵、录像系统等设备，其基本原理为：水被加压形成连续高速的射流，射流和固体研磨料被引入研磨料喷嘴，在这里，水流的一部分能量转移至研磨料，研磨料的速度急速增加，形成高速、集中的研磨料射流，以此完成切割。

高压水研磨料外切割的步骤分以下几步。

①从切割起始位置开始，用颜色鲜亮的油漆在钢桩上做出标记，以便判断小车行走

的距离或角度。

②打开录像系统开始记录切割过程。

③开始切割后,外切割小车保持静止,通过录像系统随时观察切割水流的变化,如果切割位置不再向外反弹砂粒则说明钢桩已被击穿,此时应控制外切割小车按之前调试的速度开始行走。

④在切割过程中随时记录压力变化、耗砂量等参数。

⑤参照钢桩上的标记确定小车的行走距离,待小车行走 360°以后需要继续行走 10°左右,以确保切割完整。此次切割的压力为 34 475 kPa(5 000 psi),击穿时间为 13 min,每根钢桩的平均切割时间为 3.5 h。

第5章 水下机器人焊接技术

5.1 水下机器人焊接的必要性

水下机器人是一种可在水下移动、具有视觉和感知系统、通过遥控或自主操作方式、使用机械手或其他工具代替或辅助人去完成水下作业任务的装置。早期的水下机器人是从军事用途发展而来的,人们为了出其不意地击毁敌人的水面舰只而设计制造潜艇。1929 年,美国海洋科学家威廉·比勃与奥梯·斯巴顿建造了第一个深潜球(Bathysphee)。它是一个铸钢的球壳,上面装有 3 个观察窗,1934 年 8 月下潜到 914 m 的水深,这是第一次在深海环境中进行生物观察,也是第一次有意义的深潜器潜水活动。从 1975 年开始,由于海洋工程和近海石油开发的需要,无人遥控潜器(Remotely operated vehicles,Rov)得到了迅速的发展。第一艘无人遥控潜器于 1953 年研制成功,由于"无人遥控潜器"具有结构简单、造价低廉、维修方便,以及无人员生命危险等优点,所以从 1975 年以来发展尤为迅速。我国从 20 世纪 60 年代中期开始对水下机器人进行了探索性的研究,20 世纪 70 年代研制了拖曳式深潜器,从 20 世纪 70 年代末到 80 年代初,随着工业机器人技术的发展以及海上救助打捞和海洋石油开采的需要,我国也在积极地开展水下机器人的研制与应用工作。在"七五"期间,水下机器人开发被列入了国家重点攻关任务,目前我国的水下机器人技术日趋成熟。

与喷涂、清扫、铺缆、护理机器人一样,水下焊接机器人属特种机器人,是专用于水下自动化焊接的智能装备,代表水下焊接自动化的发展方向。它可代替潜水焊工进行水下作业,从而提高工作效率和保持焊接过程的稳定性、一致性。此外,随着海洋工程由浅水走向深水,在 650 m 及更深的水中很难再进行手工深水焊接,这时水下焊接机器人将是最理想的选择。水下焊接机器人技术涉及电力、电子、计算机、流体、结构、材料、液压、水声、光学、导航、控制等学科,体现着一个国家的综合技术力量和水平。

实现高效低成本焊接自动化一直是焊接科研工作者努力的方向,其中水下焊接自动化的实现要比在陆地上困难得多,水下环境对焊接工艺、焊接装备、焊接自动化技术等都是严峻的挑战。随着人们在海洋的能源开发工程、船舶远洋运输、水上救助等活动的展开,大型船舶、海洋钢结构如海底管道、海洋平台、海上机场、海底城市、跨海大桥等的大量涌现,它们的建造与维修以及安全与可靠性都和水下焊接技术密切相关。同时,水下焊接也是国防工业中一项重要的应用技术,用于舰艇的应急修理和海上救助。此外,随着国家大力发展水利水电事业,水下钢结构物的维护与修理也亟须水下焊接技术。因此水下焊接技术作为水下工程建设与维护必不可少的关键技术,得到越来越多的重视与应用。

　　水下焊接方法分为水下湿法焊接、水下干法焊接和水下局部干法焊接三大类。不论湿法焊接还是干法焊接,目前最为普遍和广泛使用的还是人工焊接方法,即派潜水员潜入水底或者水下压力仓中,采用 SMAW(Shielded Metal Arc Welding)方式,按照特定的规程进行操作。对此,美国还专门制定了专门的手册《美国海水水下切割与焊接手册》,以规范水下焊接操作。人工焊接方式优点是设备简单、操作灵活,适应性强、费用低;缺点是受到人的极限潜水深度的限制,对人员素质和安全问题要求特别高。

图 5-1　水下机器人焊接系统

　　实现水下焊接自动化主要有三种方式:水下轨道焊接系统、水下遥控焊接、水下焊接机器人系统。轨道焊接要求安装行走轨道,所以受人的潜水深度限制,遥控焊接一般难以达到焊接精度要求。近年来,基于特定用途的机器人得到迅猛发展,水下焊接机器人被认为是未来水下焊接自动化的发展方向。水下焊接机器人首先可以使潜水焊工不必在危险的水域进行焊接,保证人员生命安全;其次,可以极大地提高工作效率,减少或去除手工焊接所需的生命保障系统及安全保障系统,增加有效工作时间,提高焊接过程的稳定性和一致性,获得更好的工程质量和经济效益;最后,可以满足人们深水焊接的需要。在深水中,人们很难进行手工焊接,有些工作必须借助各种专用设备,如高压干式焊接舱,但焊接空间、焊件形状、过高的水压往往限制干式焊法的使用,因此水下焊接机器人是最理想的选择,焊接设备由手工向水下焊接自动化的方向发展已成为必然的趋势。由于水下环境的复杂性和不确定性,水下机器人在焊接领域的主要应用是焊缝无损检测和裂纹修复,这在英国北海的油井和天然气生产平台中得到了应用。

5.2　水下机器人焊接装备构成

将水下机器人与焊接机器人结合,形成水下焊接机器人,除了解决水下机器人和焊接机器人本身的问题外,水下焊接的辅助工作量往往大于真正实施焊接的工作量,如:水下焊缝跟踪、水下焊接质量控制、水下机器人稳定定位、水下遥控焊接、水下焊接目标寻找定位和避障(涉及三维轨迹规划)、水下切割、水下结构物焊前清扫和给焊缝打坡口等。

5.2.1　水下运载工具

我国水下机器人种类很多,可根据其结构形式、运动方式、控制、用途等不同的原则进行分类。目前国际上通常将水下机器人按图 5-2 分类。

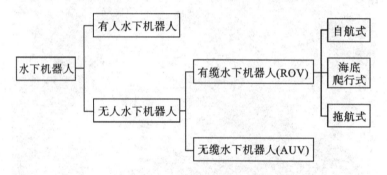

图 5-2　水下机器人分类

ROV 是由人通过主缆和系缆进行遥控,人的参与使得 ROV 能完成复杂的水下作业任务。其中系缆用于提供动力、遥控、信息交换和安全保障。我国第一艘 ROV 是由上海交通大学和中国科学院联合研制的"海人 1"号,其主要特点是机械手为双向位置力反馈、有力感和触觉、主从式控制方式,是当今 ROV 中较先进的。它分别于 1985 年底和 1986 年底在我国渤海湾和南海进行了深潜试验,在后一次试验中下潜到了 199 m 处。

AUV 不配备主缆和系缆,自带能源,依靠自身的自治能力来管理自己、控制自己,以完成赋予它的使命。它是根据各种传感器的测量信号,由机器人载体上携带的智能决策系统自治地指挥,完成各种机动航行、动力定位、探测、信息收集、作业等任务,其与岸基和船基支撑基地间的联络通常是靠水声通信来完成的。有的 AUV 也可以浮出水面,撑起无线电天线,通过无线电信号来完成与基地、乃至与地球同步通信卫星间的通信。进入 20 世纪 90 年代,我国 AUV 的研制取得了重大突破,1995 年 10 月,由中国科学院沈阳自动化研究所开发的"探索者"号在夏威夷附近海域成功地下潜到 5 300 m,拍摄到海底锰结核矿分布情况,获得了清晰的海底录像、照片和声呐浅剖图,收集到了大量珍贵的数据。这次试验的成功标志着我国在无人无缆水下机器人(AUV)领域跨入了世界先进行列,成为世界上具有研制和生产这种 AUV 技术的国家之一。

ROV 优点在于动力充足,可以支撑复杂的探测设备和较大的作业机械用电,信息和数据的传递和交换快捷方便、数据量大。ROV 从结构上可划分为水面指控系统和水下潜航体两大部分。水面指控系统包括主控计算机、遥控系统、跟踪定位系统、与水下通信的接口等。由于其操作、运行和控制等行为最终由水面功能强大的计算机、工作站，与操作员人机交互方式进行，因而其总体决策能力和水平往往高于 AUV，但是脐带电缆是制约其行为的主要因素。AUV 的优点在于其活动范围可以不受限制，且因为没有脐带电缆，所以不会发生电缆与水下结构物及探测目标缠绕的问题，但其在水下的续航力及所携带仪器的数量与复杂度大大受限于载体上能源容量的大小。

水下潜航体可分为流线式和框架式两种，水下潜航体至少应包含水密耐压壳体、推进系统、浮力控制系统、探测识别系统、导航和定位系统、电子控制系统、水下作业工具等。单纯 ROV 的设计在国外已经有一定的套路，甚至可以买到一些标准件。设计一台 ROV，总体上应该考虑到造价、尺寸、重量、功率、发送和回收方式、极限的水底状态、极限深度等，其他像可靠性、安全性、可维护性、备用性、子系统的可选择性等也需要考虑。为提高作业能力和作业水平，单一功能的水下作业系统现在已经远远不能满足人们的要求，机械手要求能够搭配多种作业机具乃至自行更换，这就需要 ROV 带有包含多种作业工具的工具包和至少一只作业机械手。水下作业工具分为通用和专用水下工具两种。通用水下工具一般是机械手手爪；专用水下作业工具大致有：清洗刷、砂轮锯、冲击钻、剪切器、夹持器、冲洗枪等，这些工具的研制越来越注重具有标准的尺寸和接口。

5.2.2　焊缝跟踪技术

5.2.2.1　焊缝跟踪方法

焊缝跟踪的发展由来已久，而且发展出许多种跟踪方法，如图5-3所示工作原理可分为接触式和非接触式。接触式的主要有机械式和机械电子式，非接触式的主要有电磁式、超声波式、电容式、射流式、光学视觉式和电弧传感式等。在各种传感方式中，机械和机械电子式使用不够灵活，适应面窄，已经很少采用。

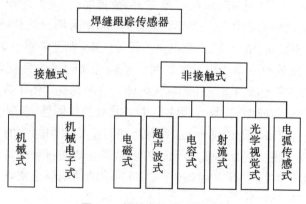

图 5-3　焊缝跟踪传感器种类

目前国外研究较多的是电弧传感和光学视觉传感。电弧传感器直接利用了焊接电弧的电流电压信号来检测焊缝坡口位置，不需要其他附加装置，即便是旋转电弧传感器也是和焊枪连为一体，能实时检测焊缝位置，因而备受青睐。视觉传感器由于反应快速、获取信息量大,同时又得到 CPU 等硬件在性能上的支持,近些年来得到快速发展,成为研究的另一热点。

(1)电弧传感

电弧传感器的基本原理是以电或机械方法使焊接电弧摆动,检测焊接电流、电压的变化,来判断摆动中心是否偏离坡口中心,并进行修正。使电弧摆动的方法有机械式、电磁式和射流式。摆动轨迹可分为直线往复运动、圆弧运动和旋转运动。目前电弧传感器主要有以下几种类型:

①非扫描双丝并列型。该类型是利用电弧的静态特性参数的变化作为传感信号,它采用两个彼此独立的并列电弧对工件进行试焊,当焊枪的中心线未对准坡口中心时,其左右两焊丝具有不同的干伸长度,对于平外特性电源将造成两个焊接电流不相等,因此根据两个电流差值即可进行左右跟踪,根据两个电流之和即可进行高低跟踪。

②摆动式电弧传感器。一般摆动式电弧传感器是以机械式的居多,因受机构的限制,扫描频率一般在 5 Hz 以下,使得灵敏度较低,同时熔池中的液态金属的流动和填充也为焊缝坡口识别带来了障碍。

③旋转扫描式电弧传感器。旋转电弧传感器的原理是,在直流电动机的驱动下,利用导电嘴上的偏心孔使得焊丝和电弧旋转,来实现电弧的高速扫描,一般扫描频率为 15～35 Hz。它扫描频率高,机械振动小,能够改善焊缝成型,具有良好的动态品质。

电弧传感器具有独特的优势,它的检测点就是焊接点,不存在传感器超前的问题,是完全实时的传感器。焊接机头周围不需要其他特别的装置,焊炬的可达性好。不受焊丝弯曲和磁偏吹等引起电弧偏移的影响,抗光、电磁和热的干扰,成本较低,得到了广泛应用。但由于基于电弧传感器的系统只有在电弧点燃后才能工作,在跟踪过程中要进行摆动或旋转,而且只适用于对称接头的工件,应用范围有限。

(2)视觉传感

视觉传感器具有提供信息丰富、灵敏度好、测量精度高、动态响应性好、电磁抗干扰能力强、与工件无接触等优点,因此近年来在焊缝跟踪中采用视觉传感有不断增多的趋势。视觉传感具有响应快、精度高、不受电磁干扰等优点,视觉传感采集焊缝图像信息的方法可分为被动光视觉和主动光视觉法两种。被动光视觉法不使用辅助光源,直接用 CCD 拍摄在弧光或普通光源背景下的焊接区图像。主动光视觉使用特定的辅助光源,向工件投射特种光束、光面或编码图形,然后 CCD 拍摄焊接区图像,获取焊缝的图像信息。

被动光视觉法直接摄取焊缝图像,这种方法能获得接头和熔池的大量信息,设备简单,成本低。但被动光视觉法存在强光干扰的问题,即在焊接过程中,电弧的辐射光强度远远超过焊接熔池辐射光强,并且也超过了 CCD 传感器的响应上限,图像噪声经常会把熔池内部的图像信息淹没掉。

被动光视觉法也常采用一些辅助方法来减少弧光的干扰,以得到清晰的熔池图像。常用的方法是在视觉传感器前安装窄带滤光片,使弧光波段影响减少,获得清晰的图像。也有研究者通过滤光系统和焊接电流控制相结合的方法来去除弧光的干扰,使摄像机在一个弧光对熔池辐射比例适当的较窄的光谱范围内获取熔池图像。同时,控制焊机周期性的减少焊接电流,使得摄像机在熔池成像期间弧光的影响最小,以得到清晰的熔池图像。除此之外,还有一些研究者采用激光频闪摄像的方法来获取焊接区的图像,频闪激光提供周期激光束来照亮焊接区,抑制电弧光的辐射强度。同时 CCD 快门和激光脉冲信号配合,同步打开,以获得清晰的焊接区图像。

主动光视觉法是一种利用辅助光源,并基于三角测量原理的测量方法。根据使用的辅助光类型,将主动光视觉法分为结构光法和激光扫描法,其中结构光法采用单激光作为辅助光源,激光扫描法采用扫描激光束作为辅助光源。

1)结构光法。结构光法是一种直接获取深度图像的方法,它可以获取焊缝的二维信息。其光路系统主要由 CCD、带通滤光片、激光源和圆柱透镜组成,CCD 和光源成一个已知角度刚性安装在机架上。在进行焊缝跟踪时,激光源发出的光经过圆柱透镜形成一个平面光照射在工件表面上,这时在焊缝上形成一条宽度很窄的光带。光带经过反射或漫反射,通过带通滤光片,把不需要的波长光过滤掉,最后进入 CCD 摄像机成像。由于辅助光源是可控的,所获取的图像受环境的干扰可去掉,真实性好,不仅能检测出焊缝的中心位置,而且还能获得焊缝截面形状和尺寸等特征参数,并且适合于不同的焊缝和各种焊接方法。

2)激光扫描法。激光扫描法的传感器由半导体脉冲激光器及光学系统、扫描振动电机及反射镜、二维位置传感器及光学系统三部分组成。激光扫描法是利用光学三角原理来获取传感器和激光光点之间的精确距离。工作时,激光光束投射在扫描振动器电机的反射镜上,在扫描振动作用下,反射镜将光束反射在工件表面,也形成一个“条形光”。但这个“条形光”任意处的光强都等于激光束本身的光强,这样加强了条形光的强度,而又没有增加激光器的功率。这种方法的优点是能得到很高的信噪比,因为在敏感器件感光时间内,光强集中于一点而不是散成一条线,能使所有的光点在敏感器上清晰成像,同时信号处理速度较快。

主动光视觉法的不足在于存在传感超前问题。由于传感器固定在焊炬上,其检测点限于焊炬行走前方 $50\sim100$ mm 的焊缝处,并非在焊炬正下方受电弧作用而熔化的焊缝处,因此在曲折形状焊缝的焊接中往往会造成跟踪失败,因此,适合于跟踪弯曲变化很缓的焊缝。

5.2.2.2　水下焊缝跟踪控制方法

陆上焊接时,焊接的对象部位都可以展现在焊工和机器人面前,机器人位置的摆放由人来完成,它要做的就是按照设定的程序周期进行工作,而对于临时的焊接应用场合,焊接工人找到焊缝也不是问题,但是如果应用场合,特别是深水下,这一问题就比较难解决了。另外,对于焊接时机器人的姿势摆放的控制也是一个难题。鉴于上面这些问题,使得水下机器人焊接的控制系统设计变得困难。

在这方面研究的例子有华南理工大学机电工程系的梁明、石永华等人研究设计了一套药芯焊丝水下焊接视觉传感焊缝自动跟踪系统,其系统示意图见图 5-4。该系统采用 CCD 视觉传感器对水下药芯焊丝焊接进行焊缝自动跟踪的研究,其工作原理是卤钨灯辅助光源对焊接熔池前方附近区域进行照明,经滤光系统后由水下 CCD 拍摄焊接区域图像。由 CCD 摄取焊缝图像经图像捕获卡将视频模拟信号转换成 8 位数字图像信号。然后再对得到的图像进行处理,其处理的界面是用 VisualC++编写而成。该系统硬件结构简单,成本低廉,软件功能丰富,人机界面友好,操作简单易学,为进一步进行水下药芯焊丝焊接焊缝自动跟踪的研究打下了基础。另外,日本学者菅泰雄(Yasuo Sugo)利用超声波传感器对水下 TIG 焊接的焊缝进行了跟踪试验。

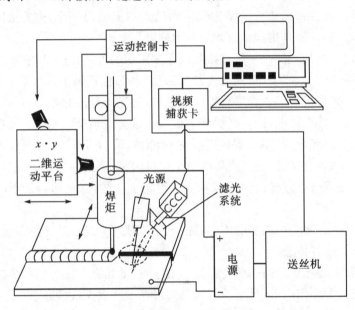

图 5-4　水下药芯焊丝焊接视觉传感焊缝跟踪系统

　　水下机器人自动焊控制的对象是焊枪的移动,从而达到跟踪焊缝的目的。在早期的焊缝跟踪系统中,由于传感器本身的精度不高,因此对焊缝跟踪控制系统的精度要求也不高,那时重点放在对焊缝偏差信号的提取上,而对跟踪控制算法研究较少,主要采用比例调节方法。随着控制理论的发展,后来有相继出现了 PI、PD、PID 等调节方法以提高系统的性能。在 20 世纪 80 年代,这些控制算法已在焊缝跟踪系统中得到了应用。进入 90 年代后,由于人工智能的兴起,应用模糊控制、神经网络、专家系统等各种系统先后出现,尤其是模糊控制,理论比较系统,在实际应用中取得了很好的效果。被迅速引入到焊缝跟踪控制系统中,并取得了较好的效果。

　　在国外,机器人焊接中焊缝的自动跟踪控制系统的设计主要有以下例子:1992 年,日本人横尾尚支研究了模糊控制和模糊专家系统。大岛建司研究了模糊控制熔池宽度和焊缝跟踪控制的应用,通过试验发现,用模糊控制可使焊接熔池宽度保持恒定,焊缝跟踪效果良好。1993 年,Kim 在二氧化碳气体保护焊的试验中,分别采用简单模糊控制器和自组织模糊控制器对焊缝进行跟踪,并研制了一套电弧传感器焊缝跟踪系统,用特殊的信号处理方法从焊接电流信号中获取焊枪位置的信息,并按角度偏差设计系统控制规则。结果表明自组织模糊控制在焊缝跟踪中应用效果明显好于简单模糊控制器。1999年,华南理工大学的高向东、黄石生以及日本九州大学的毛利彰、山本元司提出了一种基于笛卡儿空间轨迹控制的机器人焊缝跟踪神经网络算法,大大简化了算法。而且,他们的算法通过神经网络的补偿作用,弥补了由于无法知道机器人精确模型所造成的控制上的误差。

5.2.2.3　水下焊缝跟踪激光视觉传感系统

水下焊接是一个强干扰的过程,各种不同的干扰相互影响,从而会产生焊接位置偏差。为实现焊接自动化,必须克服这种偏差的影响,目前采用较多的是利用各种传感器来获得焊缝的信息,然后通过各种纠偏措施,以达到焊缝跟踪的目的。焊缝跟踪系统因为传感器的不同分为电弧传感、接触传感、超声波传感、视觉传感,其中视觉传感器具有信息量大、灵敏度高、测量精度高、响应快、抗电磁场干扰能力强、与工件无接触等优点,适合于各种坡口形状,可以同时进行焊缝跟踪控制和焊接质量控制。而计算机技术和图像处理技术的不断发展,又使其实时性容易满足,因而是一种很有前途的传感方法,在实际中应用较广。

将视觉传感器应用于水下焊接机器人进行焊缝跟踪,会出现各种各样陆地焊接所未遇到的问题,其中包括可见度差,水对光的吸收、反射和折射等影响。因此,光在水中传播时减弱得很快。另外,焊接时电弧周围产生气泡和烟雾,使水下电弧的可见度非常低。在淤泥的海底和夹带泥沙的海域中进行水下焊接,水中可见度就更差了。长期以来,这种水下焊接基本属于"盲焊",严重地影响了潜水焊工操作技术的发挥。这是造成水下焊接容易出现缺陷,焊接接头质量不高的重要原因之一。因此需要设计专用的水下视觉传感器,以适应水下焊接的要求。

(1)水下激光视觉传感原理

半导体激光器发出的光,经过组合透镜和柱状透镜作用后,可以形成一直线光纹,这种激光器称为线形激光器,其结构如图 5-5 所示。此直线实际上是从激光出射孔发出的三角形光片在照射到某一平面时所产生的交线,图 5-6 所示。因此,这种激光器也称线形激光器。激光线波长为 650 nm,红色。

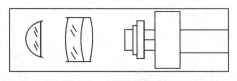

图 5-5　线形激光器结构图

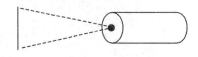

图 5-6　线形激光器

激光传感器传感则是由线形激光器、CCD 摄像头等组成,原理如图 5-7 所示。线形半导体激光器发出的三角形光片,照射到工件表面时形成一条交线,工件表面的形状决定了交线的形状。当工件为平面时,得到的交线为一直线,若工件表面为立体结构,则形状因结构而异。图 5-8 中的工件是两块开了斜口的钢板拼合在一起形成的一个 V 字形焊缝坡口,光面照在坡口上,CCD 从垂直于焊件的上方拍摄到交线的形状也是 V 字形交线,如图 5-8 所示。由于激光视觉传感器获得的激光条纹形状取决于被照射的物体表面的形状结构,因此,激光视觉传感器也称为结构光传感器。

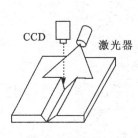

图 5-7　原理图

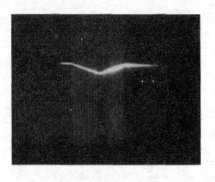

图 5-8　V 形焊缝的图像

激光传感器有着测量精确、反应速度快、抗干扰能力强等优点,在焊缝跟踪系统中有着广泛的应用,技术也日趋成熟,如 Meta 激光焊缝传感器已经商品化。虽然,激光视觉传感器有着许多的优点,但目前这类传感器大都只用于陆地上的焊缝跟踪,如果能将现有的激光传感器改造成适应水下焊接环境的焊缝传感器,将为水下焊缝跟踪带来新的发展。为此,我们初步建立了一套水下激光焊缝跟踪硬件系统。

(2)水下激光视觉焊缝跟踪系统的组成

基于激光视觉传感的水下焊缝跟踪系统,其硬件主要由焊件、传感器、图像采集卡、计算机、输出控制卡、驱动电路、十字滑块、焊机等部件组成,系统结构如图 5-9 所示。

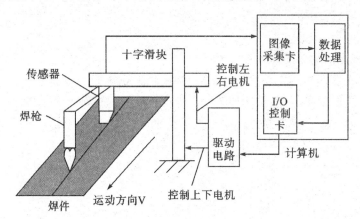

图 5-9　水下焊缝跟踪系统组成

该图中,焊枪和水下激光传感器一同固定在十字滑块支架上,由十字滑块上下左右移动来调整焊枪的位置,十字滑块由控制上下和左右的两组电机驱动。工作时,CCD 将的获取焊缝结构光图像信号传到计算机上的图像采集卡,通过图像采集卡可以获得焊缝的每一帧图像,再由计算机对图像进行处理,得出焊缝在图像中的位置,并与焊枪的标准位置比较,得出焊缝偏差。根据焊缝偏差,计算机通过 I/O 控制卡控制驱动电路对十字滑块电机进行驱动,使十字滑块左右移动,让焊枪始终对准焊缝达到跟踪的目的。十字滑块由运动电机和螺杆组成,具有两个自由度,能够在一定范围内上下左右移动。十字滑块在垂直和水平方向分别有一电机控制。每个电机里面又有两组线圈,分别控制两个相反方向的运动。焊枪和十字滑块是刚性连接的,通过控制滑块的伺服电机,达到控制焊炬上下左右移动的目的,其中左右移动主要用来实现焊缝纠偏。

为各种大型的水下金属结构提供快速、经济和灵活的水下自动焊接装备,水下焊缝信息识别及焊缝跟踪智能控制技术是关键问题。无论湿法还是干法,由于水下高压的存在,导致电弧漂移并压缩变小,焊道变窄,焊缝高度增加,同时导电介质密度增加,电离难度增加,电弧电压升高,电弧稳定性降低,给焊缝跟踪特别是旋转电弧式传感器的跟踪带来难度。水下的能见度低,加上光的折射、反射现象等,都给激光视觉焊缝跟踪传感器的焊缝跟踪带来难度。

5.2.3　自动检测技术

海洋工程结构物的损伤和破坏会带来巨大的人员伤亡和经济损失,因此,水下工程结构物的自动检测一直是海上作业人员非常关心的事情,它的技术发展远远领先于水下焊接自动化技术,常用的技术有:水下目视检验、水下电位测量、水下超声波检测、水下射线检测、水下交流磁场法(ACFM)和电场特征检测法(FSM)。另外,水下自动检测技术已经应用或正在开发的还有水下声发射检测、水下涡流检测(UWET)、水下超声全息成像、磁强记录仪、涡流电流法(ECI)、交流应力检测(ACSM)、光测法(Photogramety)、磁膜探伤(Magfoils)等,这些技术的自动化都是依赖于 ROV 携带相应工具潜入检测对象附近完成的。如何将这些技术结合起来融入水下焊接机器人的功能中,值得思考。

5.2.4　遥控焊接

遥控焊接是指人在现场外参与焊接过程中的动作控制,使用操作器带动焊枪。由于目前传感器技术和智能控制技术的限制,不能完全实现自主控制,遥控焊接被认为是最适合在深海、太空等极限环境的焊接方法。

遥控焊接经历了自动控制与遥控示教、人工控制、自主控制、人机交换控制、人机共享控制、分布式控制的发展过程。现在如果进行多参数的手工控制,优先选择分布控制,使用传感器时适合采用共享控制或共享控制与分布控制相结合的方法。在共享控制方法中,人机可以负责对不同参数的控制,也可以同时控制同一参数,发挥人善于定性处理问题和机器善于定量处理问题的特点。

分布式控制则提出:采用多位操作员,将复杂的焊枪多个运动参数分配给他们分别进行操作。以往的方法中,操作员通常都是采用操纵杆或手控球等位置或速率型控制设备,借助摄像机传来的图像,对焊接过程进行远程控制。现在对于水下焊接机器人,理想的方法是利用声学和视觉图像、定位装置和物理模型等,采用虚拟仿真技术,增加操作员的临场感,帮助机器人进行任务规划、路径规划、参数规划和轨迹规划。

英国通用机器人公司 1999 年成功研制了 ARM 水下机器人系统,用于清理和监视水下结构的复杂焊缝,其遥控焊接系统设计了直接手动控制、增强手动控制、半自主控制及全自动控制工作模式,成功地实现了水下焊缝检测、焊接和打磨工作。

新加坡南洋科技大学的候明、叶宋华以及哈尔滨工业大学的吴林、张慧兵等提出用自动控制焊速与主从式遥控模式的结合来提高操作的稳定性和跟踪的准确性。他们的焊接系统是由一个六个控制自由度的主控制器、一个立体的检测系统、一个计算机控制系统和一个 PUMA 机器人组成的遥控弧焊机器人。通过大量的试验证明：与完全的遥控模式相比，这种自动控制焊速和主从式遥控模式的结合能很好地提高焊接的稳定性和跟踪的准确性。在焊接速度达到 60 cm/min 时跟踪的精度达到 ±1 mm，而这种焊接效果完全可以达到遥控焊接的基本要求。但由于水下焊接过程的复杂性、缺乏合适焊接特点的远程操作器以及遥控系统中机电环节的延时等因素，目前水下遥控焊接还停留在研究起步阶段。英国 Cranfield 大学海洋技术研究中心，为了实现水下无人焊接，从操作员培训、焊接规划、离线编程等方面考虑，用 Workspace 软件和 ASEA IRBL6/2 机器人建立了一套水下焊接遥控仿真系统。在该系统上进行了水下环境模拟、远端操作器、避障等研究。应当指出的是，这是其研究的第一阶段，其下一阶段是用六自由度的 TA9 水下机器臂取代 ASEA IRBL6/2 机器人进行水下遥控焊接的试验。

5.2.5　自动定位

水下机器人在水下要受到海流、不平衡力等环境干扰的影响，为保证其作业任务的顺利完成，水下机器人需具有动力定位能力。动力定位就是水下机器人在海流的干扰下利用自身的推力器系统使之保持一定的位置和角度。动力定位系统（Dynamic Positioning System，简称 DPS）通常由三部分组成：①位置测量系统，测量水下机器人相对某个参考点的位置；②控制系统，输入测量值与给定值所产生的误差，计算推力系统应产生的合力，输入推力指令；③推力系统，产生推力和推力矩来平衡作用于水下机器人上的干扰力和干扰力矩。水下机器人动力定位控制系统是一个典型的闭环反馈控制系统，但是水下机器人这一被控对象的最主要特点是非线性、各自由度之间存在耦合及时变，难以用精确的数学模型描述。传统的控制方法如 PID 控制，往往不能有效地消除各自由度间运动的耦合，控制性能较差，达不到定位要求，而模糊控制表现出不依赖对象的精确数学模型，抗干扰能力强、响应快，鲁棒性好等优点，很适合复杂的控制系统。海军工程大学的刘振明、潜伟建等人针对水下机器人垂直方向上的动力定位控制，设计了一个基于规则的模糊控制器，并进行了仿真。设计和仿真结果表明，模糊控制不但具有设计简单、调整方便的特点，而且在调节时间和抗干扰能力等方面都优于常规的 PID 控制。哈尔滨工程大学的吕舒平、边信黔、施小成等人提出了一种基于 Kalman 滤波和神经网络修正模型的海流及不平衡力估计方法，有效地用于水下机器人 5 自由度动力定位系统中，获得了较好的控制性能。

水下定位技术，根据应用的场合不同、作业任务要求不同，不同的定位传感器在应用下具有各自的利弊。

5.2.5.1　水下定位技术

（1）水声定位技术

声呐作为常规的水下定位设备，通过换能器将电信号转换为声信号向水中发射，再通过水听器将接收的回波水声转变为电信号,实现对周围障碍物的探测。图 5-10 为主动声呐的基本工作原理,其中发射阵和接收阵是基于压电陶瓷原理制成的水听器与换能器。

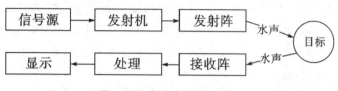

图 5-10　主动声呐定位原理

(2)惯性测量元件定位

采用声波定位需要外界设备辅助,在空旷的水域中有信号的联系,这样对于隐蔽性要求强的水下设备定位是不利的。因此作为一种不依赖于外部信息、也不向外部辐射能量的自主式导航系统——惯性导航,得到巨大的应用。惯性导航系统(Inertial Navigation System,INS)是利用对角速度敏感的陀螺仪(gyro scope)和对地球引力敏感的加速度计(accelerometer),依据初始位置姿态信息,通过积分运算确定移动载体的当前姿态、速度和位置信息。与水声定位系统通过求解结合交点的算法不同,惯性导航是一种航姿推算(Dead Reckoning)的导航定位系统。

传统的惯性导航借助一个物理平台,平台跟踪导航坐标系而随动调节,传感器输出的数据可以直接用来积分运算,这种形式被称为平台式惯性导航,见图 5-11。现代的惯性应用是将三轴的惯性测量传感器固定在运动载体上,随载体刚体运动,称之为捷联惯导系统(Strapdown Inertial Navigation System),惯性平台与导航坐标系之间通过姿态变换矩阵过渡,相当于在计算机中建立数学的惯性平台。平台式惯导系统,计算简单、结构较复杂、可靠性较低、故障间隔时间较短、造价较高,为增

图 5-11　Peacekeeper 平台式惯性导航

强可靠性,通常在一个运载体上要配用两套惯导装置标定,这就增加了维修和成本。捷联惯性导航系统结构极为简单,减小了系统的体积和重量,同时降低了成本,简化了维修,提高了可靠性。

(3)水下视觉定位

随着计算机技术和电子技术的发展,机器视觉得到了广泛的应用。除了在防水耐压方面需要额外的处理以及水中光照环境的要求等,水下视觉定位系统与常规的视觉定位基本一致,有采用单目、双目以及结构光等实现空间三维定位。在水下机器人的设计与操作中,水下摄像已经成为了机器人必备的设备之一,用来观测水下环境。但是由于单

个摄像将三维信息压缩成平面图像展示,丢失了空间距离的信息,对于水下机器人在空间判断以及机械手操作上产生了极大的不便。在视觉定位中,关键在于摄像头内外参数的标定,基于透视原理实现图像信息与实物空间关系的转换。水下视觉定位,通过摄像头和处理器的选取,结合图像处理算法,可以获得高精度的定位效果,但是由于光线在水下传播的限制,水下视觉定位的范围受到极大的限制,因此水下视觉定位一般是在小范围内高精度定位,例如在 AUV 的自主回收过程中,通过视觉出来,达到准确的位置匹配。

(4)多传感器组合定位

通过上述几种定位设备与技术的介绍,其定位与导航特性都有各自的优缺点,为了提高定位的精度、快速性以及稳定性,越来越多地采用将多种不同形式的定位系统综合,形成一套组合定位系统。组合系统核心是多传感器信息融合技术,即通过一定的算法"合并"来自多个信息源的信息,以产生比单个传感器所得到数据更可靠、更准确的信息,并且根据这些信息做出最有效的决策或估计。根据不同的要求与目的,有各种不同的组合导航系统,但多以惯性导航系统作为主要导航子系统。

组合导航的以计算机为数据中心,接收到各个定位传感器对于同一个运动系统的测量值,运算融合算法实现更加稳定、高精度的定位功能,然后对运动载体的定位信息进行输出。卡尔曼滤波通过运动方程和测量方程,不仅考虑当前所测得的参量值,而且还充分利用过去测得的参量值,以后者为基础推测当前应有的参量值,而以前者为校正量进行修正,从而获得当前参量值的最佳估算。

目前在航天方面利用较多的是采用 GPS 与 INS 组合导航系统。两者优缺点互补,能够提供连续、长时和短时精度均较高的、完整的导航参数,GPS 测量可以抑制惯性导航的漂移,而 INS 对 GPS 导航结果进行了平滑处理,弥补了信号产生中断时的故障。参考上述的研究,由于 GPS 信号在水中衰减严重,在深水域无法使用 GPS 等卫星导航去修正惯性导航的漂移,相关的 GPS 替代定位方式就产生了,例如利用超短基线与惯性导航组合的相似系统使用在较大范围的组合定位场合,以及采用视觉与惯性导航用在小范围定位场合。

5.2.5.2　水下定位系统组成

整个水下定位系统分为四个主要的模块:惯性导航系统、视觉定位系统、云台跟踪系统以及数据处理中心。

惯性导航模块作为定位系统的基础模块,以较高的更新频率输出角速度和加速度的采样值,通过串口传输到上位机。

视觉定位部分直接采用现成的视觉定位模块、内部集成图像信息采集、图像处理、空间坐标计算等过程,直接将目标物在摄像头坐标系下的空间位置通过串口通讯,传输到上位机。

云台跟踪模块的功能是保证水下机器人在运动过程中,摄像头与激光器能够一直跟踪在同一个环境的目标上,防止特征点走失。在此过程中,使用两个数字航机进行摄像头云台上两个自由度的驱动。在云台跟踪模块中,需要解决当水下机器人运动至某个位移(平动加转动)之后,两个舵机分别需要转动角度的问题。在云台跟踪中核心部分即为转动角度的求解,归纳为组合机构的逆运动学问题。最后通过脉冲宽度调制信号(PWM)控制舵机转动至对应的角度,完成跟踪功能。

数据处理中心,根据传送上来的角速度、加速度、航向角度值以及视觉定位的信息,通过数据融合算法,得到更高精度的、连续的、实时的水下机器人位置与姿态信息的反馈。数据处理的过程虽然是在 MATLAB 里面运行,直接使用 MATLAB 中矩阵运算符,但是整个数据处理过程采用序贯模式,在接收到一组新息之后就进行迭代运算,而不是等所有数据到来之后做离线分析。当然相关的算法需要具有良好的移植性,便于集成到嵌入式控制系统中。因此数据处理中心的功能包括不同更新频率的数据交互以及高层数据融合算法的实现。

水下焊接与陆地上焊接一样,焊接精度也是以毫米计量,所以需要研究机器人本体晃动下机器手臂的运动控制,或者采用机器人吸附在结构体上,并且将精确焊接改为在待焊结构表面上喷涂高强度材料的方法。另外还有大量的问题,如传感器的选择、综合传感技术的运用、水下作业工具的选用或自制,水下结构物预清扫、机器人任务规划、路径规划、参数规划、轨迹规划、母船与潜航体的通信、导航、定位等,有些是水下机器人和焊接机器人个性的问题,有些是两者结合产生的问题,这都需要做大量研究。

5.2.5.3　水下电弧图像处理

电弧焊过程的稳定主要取决于电弧燃烧的稳定性,而电弧燃烧的稳定除了在焊接工艺方面保证外,还需要对电弧实施监控。视觉传感方法由于采集信息量大、与工件无直接接触等优点,受到许多研究人员的青睐。通过图像处理的方法来获得电弧或熔池的信息用于焊接的质量控制,是近年来焊接研究的重要方向。由于水下焊接的特殊性,水下电弧图像的采集主要受到两方面的影响:①焊接过程的多谱线的电弧光、飞溅以及气泡的干扰;②水下的特殊环境影响,如水对光的吸收使得光在水中的传播距离受到限制,水中尘埃、胶质粒子等微细物质的散射作用,使得图像对比度降低,影像的细节模糊,影响了成像质量。如何克服这些干扰获取清晰的电弧图像,中外研究人员进行了认真的研究。华南理工大学水下焊接课题组的研究人员在研究水下的电弧区域的光强分布以及水中光传播特性后,采用窄带滤波片、中性减光系统和水下 CCD 摄像系统组成的图像采集系统,抑制了弧光和水对电弧区域的干扰,获得了比较清晰的电弧区域图像。

目前,图像处理技术的日益成熟使得应用水下机器人在水下采集电弧信息成为可能。采取中值滤波的办法去除图像噪声;用边缘增强的方法增强图像的边缘和轮廓,即突出图像的最大灰度变化处的信息;通过图像增强后,不同色度的光在图像中表现为不同的灰度梯度值,在通常情况下,焊缝边缘因为变化幅度较大,因此梯度值的绝对值较大,所以用阈值法可以用于图像灰度梯度值的分割。为求最佳的分割阈值,目前已研究出多种阈值选取算法,如 P 参数法、双峰法、最大类间方差法(OTSU)等,每种方法各有不同的特点和应用场合,其中最大类间方差法(OTSU)被认为是阈值自动选取方法的最优方法之一。

5.3 水下机器人焊接技术应用实例

5.3.1 局部干法水下焊接机器人系统

该水下机器人系统由爬行机构及其驱动电路、十字滑块机构及其驱动电路、PLC、人机界面、激光图像传感系统、焊接电源、排水罩及供气系统等构成。如图 5-12 大小为长宽高 500 mm×600 mm×200 mm 采用小型排水罩式局部干法水下自动焊接方式,最大作业水深为 15 m,设计最高工作压力 0.3 MPa。(局部干法水下焊接:利用气体使焊接局部区域的水人为地被排开,从而形成一个局部的干气室进行焊接,保护气体为 Ar 或 $\varphi(Ar)$ 98%+$\varphi(O_2)$2%,排水气体为 Ar 或 $\varphi(Ar)$98%+$\varphi(O_2)$2%。)焊接时,首先激光图像传感系统从焊接现场获取焊缝的图像信息,图像由十字滑块控制系统进行处理,经过图像采集卡处理后的图像特征即焊缝的偏差(焊枪中心与焊缝中心的偏差)信号。然后依据焊缝偏差信号输出控制信号给十字滑块驱动器进行十字滑块的运动控制(使得焊枪中心与焊缝中心对齐,如果焊接刚刚开始则首先寻找焊缝初始点)。对其后十字滑块控制系统向 PLC(主控制芯片,主要承担系统的所有逻辑控制、爬行小车的速度控制、焊接电源的送丝控制等)发出信号,而当 PLC 接受到信号后,供气系统为排水罩充气,开始排水。之后焊机开始工作,送丝机开始送丝,焊丝为水下专用焊丝。起弧后,PLC 会不断地根据焊枪当前的位置调整十字滑块和小车的位置,使得焊枪中心与焊缝中心始终对齐。

爬行机构是一种新型的轮履永磁吸附方式小车,具有足够的吸附能力,同时具有一定的柔性,因此能够适应圆柱形、球形的储油罐的内外表面,有较强的越障能力。其驱动机构采用交流伺服系统,包括电动机、放大器、减速机构和编码器,可以对电动机转速进行精确的闭环控制。它的转弯主要是通过给两驱动轮一个速度差来实现的,速度差不同,则小车的转弯半径不同即转弯的程度不同。

图 5-12 无导轨全位置爬行式弧焊机器人系统

简而言之,水下焊接系统就是借用全位置焊接机器人系统的爬行机构,将爬行机构上的焊枪、激光图像传感系统等安装在爬行机构底部,同时加装排水罩等水下焊接专用设备。

5.3.1.1　密封方案设计

为了保证水下机器人能够正常工作,必须确保电机和轴承不被海水侵入,因此,研究水下机器人的密封技术具有重要意义。能阻止泄露的方法被称为密封,其原理是采用某种特制的机构以切断泄露通道的方法,以达到阻止泄露的目的。密封技术分为静密封和动密封。

静密封是指人们经常使用的密封材料,密封元件与相应的密封结构相结合,在生产系统处于安装、检修、停产状态下建立起来的封闭体系。静密封是在静止的条件下实现的。

静密封可以分为:强制性密封(如石棉橡胶板)、非接触式密封(如迷宫密封)、接触式密封(如 O 形圈)。

动密封技术的提出是由于机器人在运动的状态下会产生摩擦、磨损等现象,同时又有温度、海水的腐蚀性和水压力等一系列问题,机器人的密封除了满足静止状态条件外,还要满足运动状态条件。理想的动密封有以下几点要求:

①能防止压力超过范围内的泄露;

②密封系统必须使用寿命长、维修少;

③在工作温度和压力下与液体相适应;

④密封可靠,易拆易装,便于更换;

⑤价格便宜,经济效益高。

结构密封是水下机器人研制中必须解决的关键问题。水下机器人的密封包括静密封和动密封两类。对于平面间的静密封,可通过压入具有很高机械强度和弹性的辅助元件实现密封;对于有密封槽的静密封,可采用已经标准化和系列化的 O 形圈;困难之处在于动密封,可行方法有组合密封、O 形圈密封、机械密封、迷宫密封、磁流体密封等,在选择动密封方法时,要根据对象的具体形式并考虑水压等因素。袁夫彩研究了水下清刷机器人的伺服电机输出轴上进行密封的方法:他们在电机的输出轴端加一个轴套,在轴套的外径上采用 2 道密封,第 1 道密封采用优质毛毡封住海水中的泥沙,防止泥沙进入下 1 道的密封,以减少摩擦,保护第 2 道密封;第 2 道密封封住海水,采用特康旋转格莱圈组合密封的形式,即 O 形圈和特康 T40 材质滑环组合密封的形式,取得了良好效果。

(1)水下机器人的静密封

机器人本体有两处需要进行静密封:机器人本体上下盖之间的静密封,机器人电缆等引出线口的密封。

1)机器人本体上下盖之间的密封。上下盖之间的密封采用天然橡胶密封垫片,天然橡胶密封能适应海水介质下的密封,工作压力 300 MPa,工作温度满足−60℃～100℃要求。

2)机器人系统的电缆等缆线接头的密封。缆线接头的密封采用上海佐仁电工器材有限公司生产的 HSK-INOX 密封件,其原理图见图 5-13。该密封件和箱体的密封采用 O 形圈,缆线管接头的密封采用丁腈塑料密封;使用温度为−40℃～100℃。

（2）水下机器人的动密封

机器人有三处需要动密封：分别是前轴、后轴和十字滑块，这三处的密封都是采用O形圈密封。O形圈密封是最常见的密封方式，结构简单，应用广泛，密封效果好而号称"密封之王"，其型号已经标准化、系列化，设计使用时十分方便。O形圈具有耐高压、工作温度宽、摩擦阻力等优点，选用氯丁橡胶O形密封圈，能适应水介质，工作温度达80℃，工作压力35 MPa，密封面线速度可达3～5 m/s，完全符合工作要求。

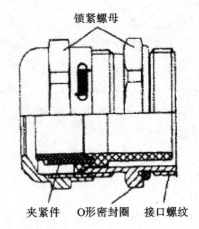

图 5-13　缆线接头的密封原理示意图

1）后轴动密封设计。

O形密封圈可用在如下动密封情况下。

耐压能力：高压。

紧凑程度：最好。

允许工作温度：-40℃～120℃。

泄漏量：中允许工作速度：3～5 m/s。

动摩擦阻力：低。

装填数量：单个。

耐磨性：中。

后轴的密封情况如图5-14所示，整个密封结构参照相应国家标准。

2）前轴动密封设计对前轴轴承的密封用一对密封圈对轴承的两侧密封，如图5-15所示，密封的设计类似于后轴。

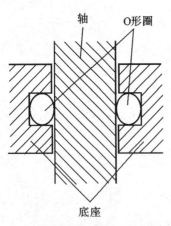

图 5-14　水下机器人后轴密封原理示意图

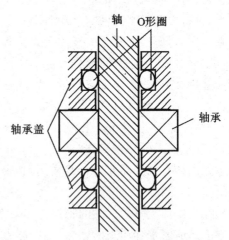

图 5-15　水下机器人前轴密封原理示意图

（3）十字滑块动密封设计

十字滑块和焊枪支架为了便于密封，将其截面形状设计成如图5-16所示形状。计算出图中截面和周长，为了便于计算，需要有等效圆，支架周长和等效圆的周长相等，如图

5-17 所示,再以此等效圆来设计支架密封。等效圆的密封设计和后轴密封设计相同,所设计的密封圈压缩后的形状如图 5-18 所示。

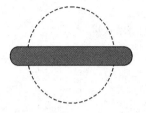

图 5-16　十字滑块截面形状　　　图 5-17　十字滑块截面几何的替代圆

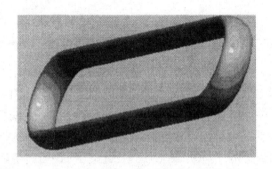

图 5-18　十字滑块密封圈压缩形状

(4)摄像机密封防水的结构的研究设计

摄像机的作用是将通过镜头聚集于像平面的光线形成图像,将外界入射的光信号转变成图像采集卡能处理的模拟电信号或者直接转变成计算机能处理的数字信号,然后输出到外部处理器或计算机。摄像机由外壳封装、感光元件、图像数据处理电路等部分组成,其中最重要的就是感光元件,如图 5-19 所示。感光元件是一种光电传感器,将光信号转变成电信号,一般常用的有 CCD(Charge-coupled Device,电荷耦合元件)和 CMOS(Complementary Metal-oxide Semiconductor,互补金属氧化物导体)两种。在相同分辨率下,CMOS 价格比 CCD 便宜,但是 CMOS 器件产生的图像质量相比 CCD 来说要低一些。CCD 成像质量好,技术成熟,应用范围较广。

图 5-19　摄像机

为保证普通摄像机能在水下能正常使用,最为基本的要素是将该相机与水隔离,常用的方法是,设计一个密封外壳将其保护起来,在水下形成一个与水隔离的独立空间。

由于本系统所用的摄像机为长条形,因此,采用桶状圆柱腔体将最大限度地保护摄像机。根据摄像机的尺寸,保护桶内外径尺寸及外形如图 5-20 所示。

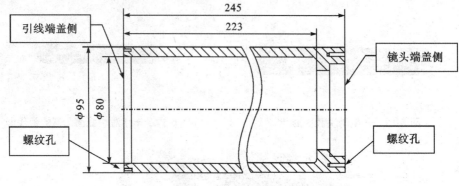

图 5-20　保护桶尺寸图

将摄像机放入保护桶以后,再在保护桶左右加上密封端盖,就能很好地进行摄像机的防水密封。图 5-20 中保护桶右侧为摄像机镜头侧,因此为了使摄像机镜头能有效采光,必须使保护桶右侧镜头端盖能有效透光,采用的方法是采用一个圆形透明材料嵌入。图 5-20 保护桶右侧的台阶槽中,并用端盖压住固定,同时用密封垫进行密封,其结构示意图如图 5-21 所示。

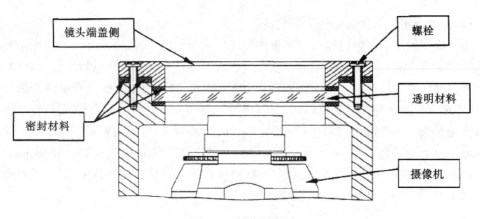

图 5-21　镜头侧密封

透明材料的选择必须是透光度较好,而且能抵抗海底的水压,对透明材料的选择不仅决定着该保护桶的防水抗压能力,而且也影响着摄像机对外界图像的获取。基于上述因素,本水下摄像机密封系统采用强度、硬度高,抗压能力好且透明度好的石英玻璃,如图 5-22 所示。石英玻璃是一种只含二氧化硅单一成分的特种玻璃,其具有极低的热膨胀系数、高的耐温性、极好的化学稳定性、优良的电绝缘性、低而稳定的超声延迟性能、最佳的透紫外光谱性能以及透可见光及近红外光谱性能,并有着高于普通玻璃的机械性能,因此它是近代尖端技术中空间技术、原子能工业、国防装备、自动化系统,以及半导体、冶金、化工、电光源、通讯、轻工、建材等工业中不可缺少的优良材料之一。密封材料采用聚四氟乙烯对镜头端盖、石英玻璃、保护圆柱筒之间进行防水密封。为取得较好的防水效果,端盖用六颗螺栓固定,螺栓必须压紧密封材料。

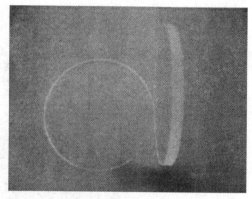

图 5-22　石英玻璃片

保护桶左侧端盖除用来密封外,还用来摄像机线路的输出,包括 1 根视频信号线、1 根外界信号屏蔽线、2 根电源线、4 根用于控制光圈大小的信号线。水下电线线路的密封往往采用水密接插件的方法。上述各个线路总和为 8 根线,因此采用 8 芯的水密接插件用来水下线路的密封。端盖和保护桶之间采用 O 形圈进行密封,左端盖设计图如图 5-23 所示。

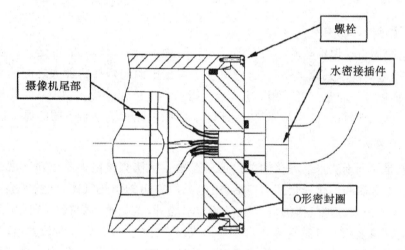

图 5-23　左端盖引线图

综上所述,该摄像机水下密封装置的整体装配图如图 5-24 所示,加工安装好的实物图如图 5-25 所示。

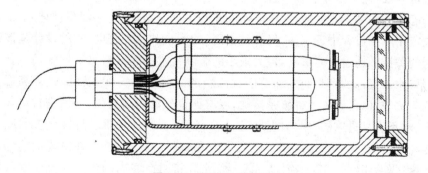

图 5-24　摄像机封装设计

图 5-25　摄像机封装及固定支架实物图

5.3.1.2　焊接电源及送丝机

焊接电源为自动焊接电源。为了降低送丝阻力、减小送丝距离,将送丝机与焊接电源分离,焊接电源位于试验舱外部,送丝机置于焊接电源与焊接机器人之间的某一个位置,具体位置视任务而定。可采用 MIG(熔化极惰性气体保护焊)、MAG(熔化极活性气体保护焊)、FCAW(自保护药芯焊丝电弧焊)等多种焊接方法,适合不同的焊丝直径。

5.3.1.3　排水罩

排水罩是局部干法水下焊接的关键设备。水下湿法焊接电弧是电弧气泡中燃烧的电弧在水下的金属和熔化极之间引燃后,由电弧放射出的炽热气体、过热水蒸气和水分解的氢气、氧气以及其他气体的混合物将其与水隔开,这是水下焊接过程区别陆上焊接过程的主要现象之一。电弧气泡开始只是形成一个小气泡,然后逐渐长大,直至最后破裂,离开电弧区域向水面上浮,这样周而复始。但是在这一过程中,气泡只是部分破裂上浮,留下一个直径为 6~9 mm 的核心气泡。湿法焊接时,电弧气泡的周期破裂干扰了电弧气泡的稳定性,严重影响了焊接质量。药芯焊丝微型排水罩水下焊接就是从实用经济的角度进行开发,完全依靠焊接时自身所产生的气体以及水汽化产生的水蒸气排开水而形成一个稳定的局部无水区域,使得电弧能在其中稳定地燃烧。因此微型排水罩的尺寸和结构决定了焊接过程中无水区(局部排水区)的大小和稳定程度,它的设计是该法焊接成功与否的关键。通过反复试验,最后采用的微型排水罩的结构如图 3-19 所示。

微型排水罩底部的密封垫是涂有防火涂料的高分子材料,可以耐 400℃高温。高分子材料的柔韧较好,可以和工件紧密接触,以取得良好的密封效果,并使密封垫起到气体可以溢出,水不容易进来的“单向阀”作用。密封垫、微型排水罩和焊接试板共同构成的空间形成无水区,其大小直接决定了电弧气泡和电弧的稳定程度,并最终影响到焊接接头冷却速度、微观组织。焊缝性能无水区越小,焊接时空腔内的由药芯焊丝本身产生的气体气压越高,排水效果越好;当排水罩内腔体积大到一定程度时,仅靠药芯焊丝产生的气体排不干净罩内的水,罩内水的分解量增加,导致焊缝产生气孔。兼顾保护效果和操作方便以及对熔池和热影响区的缓冷,本试验最后确定微型排水罩空腔体积为 1 476 cm^3,用于缓冷焊缝的后拖尺寸 T 为 25 mm。

5.3.1.4　十字滑块(也就是二维移动平台 CSB)

十字滑块,它是用来固定焊枪的,可以在两平面运动,具有两个自由度,如图 5-26 及图 5-27 所示。通过移动十字滑块,可以上下和前后移动焊枪。而控制十字滑块移动的也是两个伺服电机,通过闭环回路实时控制焊枪的位置。排水罩则通过一定的方式固定在焊枪上。

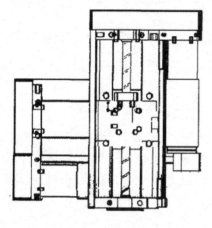

图 5-26　十字滑块的设计

图 5-27　二维运动平台

十字滑块是用来传递运动的,在比较各种传动方式的基础上,采用滚动丝杠传动,它具有以下特点:

①传动效率。高滚珠丝杆副的传动效率高达 85%～95%,为传动滑动丝杆副的 2～4 倍,能以小的扭矩得到大的推力,亦可由直线运动转换为旋转运动(运动可逆)。

②运动平稳。滚珠丝杆副为点接触滚动运动,工作中摩擦阻力小、灵敏度高、启动时无颤动,低速时无爬行,可精密地控制微量进给。

③高精度。滚珠丝杆副运动中升温较小,并可预紧消除轴向间隙和对丝杆进行预拉伸以补偿热伸长,因此可以获得较高的定位精度和重复定位精度。

④高耐用性。钢球滚动接触处均经硬化(HRc58-63)处理,并经精密磨削,具有较高抗疲劳性,滚动摩擦耗极微,具有较高的使用寿命和精度保持性。

⑤同步性好。由于运动平稳、反应灵敏、无阻滞、无滑移,用几套相同的滚珠丝杆副同时传动几个相同的部件或装置,可以获得较好的同步运动。

⑥高可靠性。与其他传动机械、液压传动相比,滚珠丝杆副故障率较低,维修保养也极其简单,只需进行一般的润滑和防尘,在特殊场合可在无润滑状态下进行。

5.3.1.5　激光图像传感系统

激光视觉传感系统由红光一字形激光器、CCD(摄像机)和滤光片组成。都被封装在一个铝制的盒子中,且密封性良好。鉴于在排水罩内有焊接烟雾影响,所以在 CCD 上安装一个主动光源——激光。激光具有良好的穿透性。滤光片的主要功能是只允许激光波长(650 nm)附近的光线进入 CCD 摄像机,如图 5-28 所示。

图 5-28　水下微型摄像机

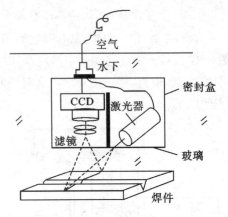

图 5-29　水下激光传感系统

考虑到水下深水焊接并且在海水或者比较浑浊的河水中腐蚀性杂质比较多,这样的焊接环境水下传感器的密封设计必须要考虑到水的压力和腐蚀性,而不仅仅是密封不漏水。并且由于水下药芯焊丝剧烈燃烧时会产生比较大的火焰和热量,因此在设计时必须使密封的材料能够耐高温。综合上述原因,为了降低成本同时易于实现,所以该传感器采用的密封材料为铝合金和钢化玻璃。

CCD 和激光器均安装在密封盒子里,密封盒子采用铝合金(经线性切割加工而成),为减弱密封盒内光线反射,盒内壁经煮墨涂黑,底面为钢化玻璃,可以透过光线。上端为金属盒密封盖,盖的四周分布着间隔较密的螺孔。密封盖和盒体之间采用 O 形密封垫圈密封。为了让信号线和电源线从密封盒中穿过,在密封盒中央设计了一个电缆密封接头,接头内的 O 形密封垫圈套在电缆周围,在紧固螺母的压力下,与电缆紧密接触。为了减少接头的数量,用一根多芯的屏蔽线完成信号传输和电源供应。这样只有一根电缆进入密封盒,既简化了连接,又提高了防水性。水下激光传感系统如图 5-29所示。

密封盒下面的钢化玻璃由于只受到水向上的浮力,不会受到向下的压力,且不易开螺孔,所以仅采用高强度的防水密封胶密封即可达到要求,简单可靠。其中,密封盒内部安装一支架,既可以用来固定激光器和 CCD,又可以支撑盒壁,提高抗压能力,还可以遮挡激光器的光线,防止激光器光线直接进入 CCD,造成干扰。

局部干法水下焊接方式与湿法水下焊接相比,焊接部位局部区域排除了水的干扰,改善了焊接接头质量;与干法水下焊接相比,不需要大型而造价昂贵的焊接舱。局部干法水下焊接方法综合了湿法水下焊接和干法水下焊接两者的优点,是一种相对比较先进的水下焊接方法,焊缝质量完全达到焊接质量要求。如图 5-30 所示,焊接过程稳定,焊缝成型良好。

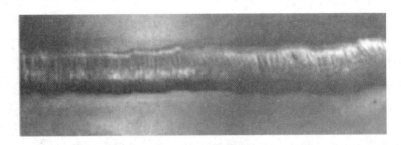

图 5-30　水下焊缝图片

5.3.2　遥操作干式高压海底管道维修焊接机器人系统

干式高压焊接是既能保证焊接质量又易于实施的海底管道维修方法。基于目前的自动化技术水平和海管坡口制备难度大的现实,提出了基于高级焊工焊接知识和潜水员水下工作技能的遥控海底管道维修焊接策略,研制了一套干式高压环境管道全位置焊接机器人及其分置于水面母船甲板和水下干式舱的机器人焊接控制系统,研制了分别用于场景、坡口和焊缝的视觉监视系统,以及计算机远程信息采集监控系统,它们与水下干式舱系统一道构成了水下干式管道维修系统。还研究了干式舱充气气体种类、焊接电源特殊性和舱内引弧问题。利用先期在干式高压焊接实验室获得的海管焊接工艺完成了海上焊接维修试验,焊缝质量良好。

5.3.2.1　系统构成与工作原理

陆上连接属于比较成熟的技术,而水下连接是海洋工程连接技术研发的难点、重点和热点。海洋结构物因为水深、结构形式、重要性不同,水下连接方法的选择必然不同,主要的水下连接技术分类如图 5-31 所示。电弧焊接依然是实现金属连接的最佳选择,而干式高压电弧焊接则是即能保证焊缝质量又易于工业实施的方法。

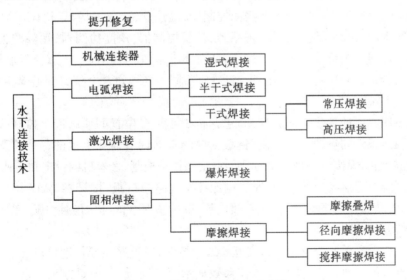

图 5-31　海洋工程连接技术分类

水下干式管道维修焊接系统基本情况是,根据美国 API 的有关标准要求,水下干式舱内只提供 36 V 低压电,不能满足焊接电源的需要。所以,海底管道修补时,焊接电源放置在甲板集装箱内,与焊接电源有关的线缆通过焊接专用脐带与干式舱相连接。位于支持母船上的保护气瓶、焊接数据采集计算机与位于水下干式舱内的轨道焊机控制器、送丝机、焊枪、管道等的连接同样通过焊接专用脐带实现。干式舱内潜水员不直接控制焊接电源,而是通过声讯系统与甲板上焊接监督工程师实现信息交流。焊接电流、电压通过反馈信号线传送到甲板上,供焊接监督工程师作为焊接电源控制参考。干式舱内分布有照明和场景监视系统,焊接小车配备有坡口监视器和焊缝监视器,视频信号同样通过脐带传送至母船。焊接专用脐带长度为 120 m,剩余部分散放在甲板上。

利用水下干式舱系统在海底管道泄漏点位置创造"干式"作业环境,即在舱内充入略大于水深压力的高压气体,将海水从舱内"挤压"出去,并维持舱壁内外压力平衡,形成干式高压环境。然后在舱内进行管道干式高压全位置焊接修复。潜水员负责将焊接小车等从水密箱中取出安装到待修部位,并在甲板上的高级焊工声讯指导下调整好焊枪、焊丝和监控镜头的位置,随后撤离干式舱。焊工启动焊接,监控焊接参数和焊枪位置,完成焊接。

5.3.2.2 全位置管道 TIG 焊接机器人

海湾在役石油管道的工作环境特点是水域较浅、水域混浊,即使在干式舱中工作,焊接坡口的制备和组对质量也很难保证,因此在 100 m 深以内的水域完成输油管道的焊接修补作业所采取的策略是经过初步焊接专业培训的潜水员在水面焊接专家的遥控指导下,在水下干式高压舱中只完成设备安装、钨极更换、姿态调整等辅助工作,焊接机器人自动完成焊接。因而要求焊接机器人有很高的控制水平和可靠性、可操作性、安全操作性。

GTAW 焊接机器人系统主要有焊接行走小车、钨极高度自动调节器、钨极横向自动调节器、钨极二维精细调准器、焊接摆动控制器、遥控盒、送丝机构、导轨、GTAW 焊接电源、GTAW 焊炬、水冷系统、气体保护系统、弧长控制器、角度检测器、视频监视系统、控制箱等部分组成。为保证施工现场安全,所有驱动电机均采用 24 V 直流伺服电机或步进电机。行走机构采用变位调节装置,以适应不同直径导轨。全位置管道焊接机器人控制系统如图 5-32 所示。

控制系统对运动参数的伺服控制,包括行走小车全位置的速度伺服控制、钨极高度的设定和弧压跟踪的自动调节控制、钨极横向的自动调节器和手动的调节控制、钨极二维精细调准控制、焊接的 4 种摆动方式的设定和摆动控制、送丝机的设定和恒速控制。

控制系统对焊接参数的控制,通过电源控制电路接口板,接管 GTAW 焊接电源,实现对 GTAW 焊接电源的焊接方式、焊接电流、脉冲频率、占空比、接触引弧、水冷系统、气体保护系统等的控制。

控制系统对参数监控调整人机交互系统的控制,通过遥控操作盒可以实现对运动参数和焊接参数的实时设定、调整和监控参数显示等控制,通过场景监视器可以监控焊接运行状态和焊接熔池成型状况。图 5-33 给出了焊接机器人在舱内实施管道焊接的场景。

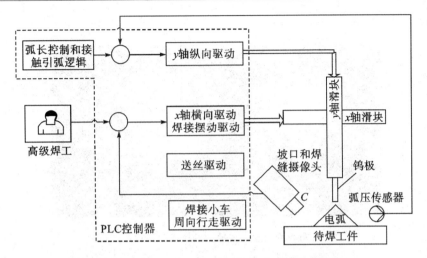

图 5-32　水下 GTAW 焊接机器人控制系统方框图

图 5-33　全位置 GTAW 焊接机器人在干式舱中焊接

5.3.2.3　海底管道干式高压焊接试验

2006 年 11 月,我国在渤海湾进行了"水下干式管道维修系统"海上试验,其中"水下干式高压焊接"作为最重要的试验内容也顺利完成。

海上试验采用与管道高压焊接试验相同的试件和焊材,进行填充焊接。试件和焊材如下:①钨极为 3.2 mm 铈钨极;②焊丝为 AWS5.18 ER70S-6,0.8 mm;③钢管材料为 16Mn,外径 158 mm,壁厚 15 mm。焊接电流为 180 A,焊接速度为 6.7 cm/min,弧长为 4.8 mm,坡口两侧停滞时间为 0.5 s,焊枪摆幅为 11 mm,摆速为 120 cm/min,Z 形摆动方式,送丝速度为 124 cm/min,氩气流量为 36 L/min。

首先干式舱定点下水,下水过程中通过不断充空气维持舱内水面高度,保证舱内水密箱内的设备不被水淹,就位后急需充气使液面低于待焊管道下一定距离,确保轨道车旋转的干式空间。两名潜水员进入干式舱,安装设备,一切妥当后撤离干式舱。位于母船上的焊工通过遥控盒操纵焊接起弧和焊接过程,通过三个监视窗口监视水下干式舱内的工作状况,图 5-34 为干式舱内焊接电弧经过 120 m 传输到船上的监控图像,最后完成管道的现场对接焊缝,如图 5-35 所示。

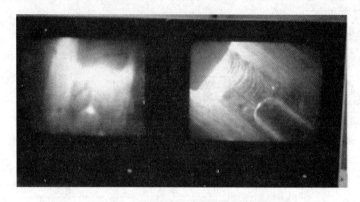

图 5-34　船上监控到的焊接电弧熔池

图 5-35　海试管道对接焊缝

5.3.2.4　结论

①管道全位置钨极氩弧自动焊机能够以船上手持控制盒遥控、结合焊接电弧监视的方式完成海底管道全位置的自动焊接。

②在水下干式舱高压环境之中,焊接工艺参数能够形成外观良好的焊缝。

③以压缩空气作为舱内加压气体、以氩气作为焊接保护气体,可以进行水下管道安全的高质量焊接。

5.3.3　水下焊接机器人系统在焊缝检查及修复中的应用

水下机器人是一种可在水下移动、具有视觉和感知系统、通过遥控或自主操作方式、使用机械手或其他工具代替或辅助人工去完成水下作业任务的装置。由于水下环境的复杂性和不确定性,水下焊接机器人除了应用于水下焊接作业外,还可以在与焊接相关的焊缝无损检测以及修复领域加以应用。

在北海,大约有 400 口水上油井和天然气生产平台,在全世界大概有 6 000 口,大部分这些油井和天然气平台都是由管状结构焊接而成,而且有一些已经服役超过 20 年了。人们用提高石油生产能力的技术来延长这些油井的经济寿命,有些已经超过了这些平台的设计使用寿命了,在焊接节点上将会产生疲劳裂纹。为了保证继续安全运行,水下检视是一个很重要的手段。

水下机器人已经被开发用来执行以下任务:

①清除在焊接接头上的生长物;

②用磁性粒子探视或涡流探伤等技术来检查。

用遥控的办法控制焊接机器人到达潜水员无法到达的深海管道,对深海管道进行检测。实际情况表明,在深海进行管道的检测与维护是完全可行的。

5.4　水下焊接机器人的发展方向

综合水下焊接技术以及水下机器人研究应用现状,未来水下焊接机器人应该具有如下特点:机器人本体为带有高精度机械手的有缆自由航行水下机器人;焊接电源和大部分控制装置都安装在支持母船上;根据机械手装配工具的不同,机器人应能完成焊缝的预处理、焊接及焊缝检测工作;控制方式采用手动控制、预编程(自动控制)、局部自治(智能控制)。由于水下焊接机器人工作环境的特殊性,增加了水下焊接机器人的应用难度。首先,水流、水压及水的阻力不可避免地会给机器人实施定位和焊接等工作造成影响。其次,视觉传感器是水下工作必不可少地检测装置,但是,水对光的吸收、反射和折射作用,会使机器人在水下的视觉能力减低。为了解决这些困难,实现水下机器人焊接,未来应在如下几方面做重点研究。

1)水下机器人的精确定位技术。目前水下机器人在水下定位采用声学定位设备,水下 GPS 技术有待发展。

2)机器人本体晃动情况下的机器手臂的运动控制。

3)研究基于水下成像特点的三维视觉传感系统,基于视觉传感系统的焊缝空间位置的检测、跟踪以及水下焊接质量控制。

水下焊接机器人是一个复杂的无人系统,其研究涉及电子、计算机、焊接、结构、材料、流体、水声、光学、电磁、导航控制等多门学科。水下焊接机器人主要技术包括机器人机构设计、焊缝识别与跟踪控制技术、焊接方法及工艺、机器人运载技术、机器人通信技术等。虽然困难很多,但我们相信,通过努力,发展我国水下焊接机器人的梦想一定能够实现。

第6章　船舶焊接技术

焊接技术是现代工业的基础工程技术之一,是现代船舶建造工程的关键工艺技术。在船体建造中,焊接工时约占船体建造总工时的70%,焊接成本占船体建造总成本的30%～50%。船舶焊接质量是评价造船质量的重要指标,焊接生产效率是影响造船产量与生产成本的主要因素之一,船舶焊接技术的进步对推动造船生产的发展具有十分重要的意义。

6.1　船舶焊接制造的高效、节能与绿色化

6.1.1　船舶焊接技术现状

焊接技术的发展带动了造船技术的进步。20世纪初,由于船舶业引进了焊接技术,造船模式由整体拼装发展到分段建造,使大型和巨型船舶得以顺利建造。船舶结构复杂,服役条件苛刻,且为全焊接结构。

纵观近代世界船舶工业的发展,世界造船基地逐渐从欧洲、日本、韩国向中国转移。20世纪50年代国际造船中心开始从西欧向日本转移,日本很快发展成为世界第一造船大国;20世纪70年代开始又向韩国转移,韩国也在很短时间内超过欧美国家成为世界第二大造船国,并于本世纪初成为世界第一造船大国;我国凭借资源、成本和产业基础等综合优势,现正成为国际造船业转移的最佳区域。2005年我国造船产量已达1 212万载重吨,约占世界造船份额的18%。全国规模以上的船舶工业企业造船完工量达1 400万载重吨,工业总产值超过1 500亿元,工业增加值实现350亿元,船舶出口金额突破50亿美元,工业经济效益综合指数提高了15个百分点,利润增长了15%以上。2005年以来我国民用钢质船舶产量快速增长,2011年我国民用钢质船舶产量已达9 215.2万载重吨。

2007年,我国造船完工量达到1 893万载重吨,占世界船舶市场23%的份额。新接船舶订单超过9 847万载重吨,手持船舶订单达到15 889万载重吨。而且,已经实现了从按船东要求建造到主动向市场推出新船型的转变,主要客户是世界著名的大船东。船舶产品的复杂系数已高于日本。骨干船厂建立了现代造船模式,主要船型建造周期已接近世界先进水平。全面掌握了油船、散货船和集装箱船的设计建造技术,并已成功进入大型液化天然气船、30万吨级浮式生产储油船和大型自升式钻井平台等高端市场。

我国的造船技术与日本、韩国之间尚存在着较大的差距。我国造船劳动工资低廉优势正被生产率的巨大差距所抵消,造船的材料、设备费用高于日本、韩国,生产成本快速

上升。我国造船企业小而分散,经济规模效应差,加之科研投入不足,尚未形成合理的技术创新体制和有效的技术创新机制,科技差距非但没有明显缩小,有些地方反而扩大。中、日、韩三国造船及焊接技术指标对比见表 6-1 所示。

表 6-1　中日韩三国造船指标对比

项目	中国	日本	韩国
船厂职工小时工资(美元)	2	30	15
劳动生产率(万美元/(人·a))	1	55	40
人均年造船量(cgt/(人·a))	不足 10	90	80
造船钢材利用率(%)	87.7	92.9	91.0
焊工人均日耗焊材(kg/(人·d))	11.87	45	30
焊接机械化、自动化率(%)	65.03	98	91
万美元产值耗电量(kW·h)	3706	347	—
国产设备装船率(%)	30	97.8	73.6

加入世界贸易组织后,对我国的造船工业是一个极大的挑战,使造船业融入到世界经济潮流中,更深地投入到国际竞争市场中去,造船业走向世界变成了现实。而给造船业最大、最现实、最严酷的挑战是技术创新,建造高技术、高附加值船舶,是未来国际市场的重点,也是造船大国的必争领域。

众所周知,船舶焊接技术作为现代船舶工业的关键工艺技术之一。世界各主要造船企业,在 20 世纪 90 年代中期已普遍完成了一轮现代化改造,同时在此基础上,又陆续启动了新一轮现代化改造计划。投资目标集中于高新技术,投资力度进一步加大,大量采用全新的造船焊接工艺流程,高度柔性的自动化焊接生产系统和先进的焊接机器人技术。这样做的结果,有力地保证了这些造船强国在国际竞争中拥有独特的技术优势。进入 21 世纪,面对新的挑战和机遇,对我国船舶焊接技术进行综合分析研究有较大的现实性和针对性。通过分析研究来激励我们大力推进高效焊接技术,加快焊接技术改造步伐,努力将相对资源优势转化为科技竞争优势,以促进船舶产业的进步和产业升级。

6.1.2　船舶焊接的高效与节能

高效焊接方法是指与常规药皮手工电弧焊相比熔敷效率高、焊接速度快、操作方便且易于自动化的焊接工艺方法。高效焊接工艺方法的共同特点是生产效率高、焊接质量好、节约能源和材料,各种不同的高效焊接工艺方法又各具特色。在工业生产中应用的高效焊接方法很多,按照其工艺和材料的不同,可以分为六大类,即手工焊条高效焊、气体保护焊、埋弧焊、电渣焊、气电自动焊和单面焊。对船舶焊接技术而言,船舶焊接的高效就是要实现船体建造的平面分段、平直立体分段、型材装焊、管子装焊等分区域壳舾涂一体化施工,实现焊接自动化,从而实现船舶焊接过程的节能。

我国船舶行业从 20 世纪 50 年代开始,相继引进和研究了埋弧自动焊、CO_2 气体保护焊、单面焊双面成型和垂直气电自动焊等高效焊接技术。但是,直到 80 年代初,在实际生产中仍以手工电弧焊为主,其使用比例占 85% 以上,埋弧自动焊占 13% 左右,其他高效焊接技术均未得到推广应用,因而造成焊接生产效率低,成为生产中的一个薄弱环节。

20 世纪 90 年代,CO_2 气体保护焊药芯焊丝在船厂进入推广应用阶段,船厂开始增加 CO_2 气体保护焊焊机,以选用国外药芯焊丝为主,国内生产的少量药芯焊丝也开始进入船台应用,焊接高效化率由初期的 50% 上升到末期的 77%,表 6-2 所示为各时期船舶焊接高效化的进程。进入 21 世纪,由于国产药芯焊丝的成熟,CO_2 气体保护焊药芯焊丝已成为船舶建造的绝对主力军,已成功用于船体建造的很多部位,如图 6-1 所示,船舶分段焊中药芯焊丝平角焊如图 6-2 所示,船舶大合拢中的垂直气电立焊如图 6-3 所示。而焊条仅用于船板拼装过程中的点焊、药芯焊丝无法焊接的位置及船舶焊缝的修补。

表 6-2 各时期船舶焊接高效化率

时段	焊接高效化率	焊接方法
1980 年以前	13%	手工电弧焊、埋弧自动焊
1980~1985	27.67%	手工电弧焊、重力焊、CO_2 气保焊、各种衬垫单面焊
1985~1990	50.25%	下行焊、重力焊、CO_2 气保焊、埋弧自动焊、铁粉焊条焊、各种衬垫焊
1990~1995	68.56%	下行焊、重力焊、CO_2 气保焊、埋弧自动焊、铁粉焊条焊、各种衬垫焊
1995~2000	76.8%	下行焊、重力焊、CO_2 气保焊、埋弧自动焊、铁粉焊条焊、各种衬垫焊
2000~2005	普遍 80%,部分达 85% 以上	双丝 MAG 焊、横向自动保护焊、CO_2 气保焊、立向下焊
2005~2010	普遍 90%,部分达 93% 以上	CO_2 气保焊、垂直气电单/双丝自动焊、双丝 MAG 焊、横向自动保护焊

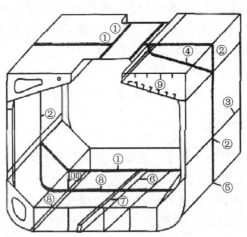

1—内底、上甲板平对接缝;2—舷侧立接缝;3—舷侧横接缝;
4—上坡板对接缝;5—舭部曲线接缝;6—旁底桁立接缝;7—纵骨(球扁钢)对接;
8—外底纵横对接;9—甲板纵骨(扁钢)对接;10—内底与横壁(平焊填角)

图 6-1 CO_2 单面焊在船体建造船台装配阶段的应用部位

图 6-2　船舶分段焊中药芯焊丝平角焊

药芯焊丝的应用已进入到一个成熟、稳定的时期,但大多仍处于由人工操作的半自动焊,随着智能机器人的发展,船舶建造中会大量采用机器人与机械手焊接代替目前的半自动焊,焊接质量与效率会大大提高。为响应国家绿色、环保、低碳的要求,电阻焊、搅拌摩擦焊、高能电子束焊以及激光焊都有可能在船舶建造中得到广泛应用。由于采用了无填充材料以及窄间隙焊接方法,大大节省了焊接材料,能源和资源也得到了节约。

在过去的一段时间内,国内各大船厂围绕现代造船模式的总体要求,以推进造船总装化、管理精细化为重点,结合产品载体,将先进焊接技术及焊接自动化工艺装备在生产中发挥作用。

先进的船舶高效焊接技术涉及船舶制造中的工艺设计、小合拢、中合拢、大合拢、平面分段、

图 6-3　船舶大合拢中的垂直气电立焊

曲面分段、平直立体分段、管线法兰焊接、型材部件装焊等工序和工位的焊接工程。我国的船舶建造焊接技术基本满足船厂生产的需要,高效焊接在船舶建造中发挥着极其重要的作用。对于技术含量高的高端焊材,则仍需进口来满足生产的需求。

因此,在船舶建造过程中通过高效焊接手段来满足缩短建造周期、降低建造成本的需求,同时保证良好的焊接质量。实现高效焊接的基本途径有:①提高焊接熔敷效率,如采用多丝焊、垂直气电焊、搅拌摩擦焊等。②减少坡口断面及熔敷金属量,如采用窄间隙焊、激光复合焊等。③自动化焊接,如采用生产线、机器人焊接等。

我国船舶焊接技术近年来有了较大提高。从 20 世纪 70 年代末期的 3～5 种高效焊接工艺方法发展到现在的 35 种,基本满足了建造出口船舶、海洋石油平台,以及各类非

船产品的需要。

我国焊接机械化、自动化率，自 20 世纪 90 年代起有了较大幅度的提高，如图 6-4 所示，船厂的焊接设备构成趋于合理。

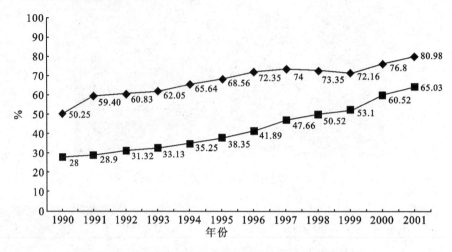

图 6-4　焊接高效化率、焊接机械化、自动化率增长图

旋转式直流弧焊机已从 1983 年的 56.45％下降到 2001 年的 6.5％，即将全部淘汰，代之而用的是整流弧焊机、CO_2 气保护焊机、交流焊机、埋弧焊机，以及船用机械化自动化平角焊机、垂直气电焊机等。由于采用高效节能焊接电源，每年节约电能如表 6-3 所示。

表 6-3　船厂系统焊接设备更新后概算的节约电能

年份	节约电能(kW · h)	年份	节约电能(kW · h)
2001	5 309	1998	6 816
2000	6 767	1997	5 750
1999	6 308	1996	5 349

船厂的产品特点是多品种、小批量，产品结构和材料变化频繁。近年来，随着转换现代造船模式、大力推进区域造船法，船舶焊接技术也发生了较大的变化，其中比较突出的是，一些重点骨干船厂先后引进了国外先进的平面分段装焊流水线，拼板工位采用了多丝埋弧自动焊单面焊双面成型新工艺、新装备。可分别用于 5～20 mm 和 10～35 mm 的船用板材的对接拼板，同时在按区域造船的理论指导下，船体的平面分段构架的装焊，也采用了半自动或自动气保护角焊工艺，使焊接效率大大提高。

近几年，药芯焊丝的应用异军突起。由于药芯焊丝具有独特优点，熔敷效率高，焊缝质量好，焊接飞溅少，容易实现机械化、自动化焊接，目前船厂已普遍采用药芯焊丝来焊接船舶结构。同时，它又与 CO_2 焊接工艺技术相结合，使船厂在生产中尝到了甜头，所以目前一些船厂认为，CO_2 气保护药芯焊丝焊接将成为船厂的主要焊接材料与工艺，它的应用每年都呈明显的增长，如表 6-4 所示。

表 6-4 CO_2 气保护药芯焊丝的应用发展

年份	1996	1997	1998	1999	2000	2001
总的焊接高效化率(%)	72.35	74	73.35	72.16	76.8	80.89
CO_2 气保护焊应用率(%)	41.89	47.66	50.52	53.1	60.52	65.03

由于大量推广应用 CO_2 气保护药芯焊丝,从而也大大提高了我国船厂焊工人均日消耗的焊接材料的数量,如表 6-5 所示,这也进一步降低了我国的造船成本,缩短了船舶的建造周期。另外,在一些高附加值船的建造与非船产品(如大型钢结构、高层建筑、大型桥梁等)的建造上,也应用了许多创新的焊接技术,取得了较好的经济效益和社会效益。

表 6-5 船厂焊工人均日耗焊材的发展

年份	1996	1997	1998	1999	2000	2001
焊工人均日耗焊材 kg/(人·d)	8	9	10.0	9.85	10.05	11.87

6.1.3 船舶焊接绿色化与可持续发展

近几年来,随着船舶行业积极转型探索可持续发展道路。船厂的焊接设备构成逐渐趋于合理。如旋转式直流弧焊机这种设备已从 1983 年的 56.45% 下降到 2001 年的 6.5%,最终将全部被淘汰,取而代之的是整流弧焊机、CO_2 气保护焊机、交流焊机、埋弧焊机以及船用机械化自动化平角焊机、垂直气电焊机等。坚持以人为本,全面、协调、可持续发展的发展观是我国在新世纪新阶段提出的重大战略思想,其核心就是以人为本和可持续发展。可持续发展作为一种新的发展模式和理念,必然对各行业产生巨大影响,同时也提出了新的更高的要求。对造船行业来说,在保持较快的增长速度的同时,保护环境,保护人类自身的生存,实现可持续发展。船舶焊接就是本着我国现阶段的可持续发展战略目标,推行和倡导高效绿色焊接行动计划,实施绿色焊接,开发环保型易熔合金材料,选用高效埋弧自动焊等先进技术,有效实现可持续发展。

根据清洁生产的要求,船舶绿色焊接主要体现在使用节能环保型焊机,即在使用和回收过程中对环境无污染、对焊工健康无害,低功耗、低制造成本与使用成本,采用高效、无弧光、无粉尘污染的焊接材料和工艺方法等方面。

可持续发展作为一种新的发展模式和理念,必然对各行业产生巨大影响。对造船行业来说,在保持较快增长速度的同时,要改善发展质量,走可持续发展的道路,就必须处理好发展与效益、发展与创新、发展与资源和环境的关系。目前,船舶焊接过程中存在污染严重、能源消耗大、资源有效利用率低等问题。我国船舶焊接和世界先进技术水平之间还存在着很大的差距,因此进一步提高焊接质量,减少污染,节约能源,实现船舶高效绿色焊接,将成为造船行业在新形势下的主要目标。

6.2 船舶焊接材料

伴随着国际船舶市场的发展和需求的扩大,船舶焊接由传统焊条电弧焊向高效机械化、自动化方向转变,由此,焊接新材料研制进程加快,各种高效、优质焊材在船舶建造中的应用数量不断上升,船舶建造的焊接效率、质量稳步提高。

6.2.1 船舶焊接材料的种类及特点

我国船舶建造焊接材料基本实现了国产化,然而仍有部分焊接材料依赖进口,如船厂大型平面分段流水线上的多丝埋弧焊焊丝和焊剂,气电垂直自动焊工艺上的药芯焊丝,双丝 MAG 焊的焊丝以及建造特种船舶如 LNG、LPG 船、化学品船等所用的焊接材料。

目前,国内造船采用的各种焊接方法主要涉及焊条、气保护焊丝、埋弧焊丝—焊剂等焊材。随着我国在船舶建造中引进、开发、应用的焊接工艺增多,船用焊材呈现出品种多样化、使用专一化、焊接高效化的特点。

高效焊材在船舶建造中发挥极其重要的作用,因此引起了世界各国的重视。进入 21世纪,根据我国造船工业发展的需要,高效焊接材料会有更大的发展空间。

(1)焊条

按照熔敷效率、焊接工艺不同,船体建造主要采用普通手工焊条、高效铁粉焊条及重力焊条。其中普通手工焊条多为低氢碱性焊条,如 E4315、E5015 系列,分别适用于一般强度和高强度的船体结构钢。高效铁粉焊条通过在焊条药皮中添加铁粉来增加熔敷效率,提高焊接速度,主要用于部件较短的角焊缝。重力焊条由于焊接设备操作简单,一人可同时操控几台,因此,通常适用于平焊位置、角焊缝相对较短且比较集中的结构。

其中,向下立焊焊条:与立向上焊相比,效率提高 1~2 倍。铁粉焊条:熔敷效率可提高 130%~240%,生产效率提高 50% 以上。重力焊条:采用高效铁粉焊条(一般直径为 $\varphi5$~$\varphi8$ mm,长度为 550、700、900 mm)。

(2)气体保护焊丝

船用气体保护焊丝按制造工艺不同分为实芯焊丝和药芯焊丝。从世界民用船舶建造整体格局来看,CO_2 气体保护药芯焊丝用量最大,目前国内大中型船厂使用率一般都达到了 80% 以上。CO_2 气体保护药芯焊丝按生产用途分为普通药芯焊丝、金属粉芯药芯焊丝、垂直气电焊专用药芯焊丝及其他专用焊丝。

普通药芯焊丝多为碳钢有缝钛型焊丝,适用于强度 490 MPa 级船用钢,此类焊丝熔滴过渡稳定、电弧柔和、飞溅少、易脱渣、焊缝外形光滑,有良好的焊接工艺性能和焊缝力学性能。金属粉芯药芯焊丝具有扩散氢含量低、熔渣量少、比实芯焊丝高 10%~30% 熔敷速度及较大的电流适用范围等特点,因此,特别适合于机械化和自动化焊接。

世界焊材生产厂商在金属粉芯药芯焊丝研制中可谓是推陈出新,例如日本神钢就开发了40多种。由于金属粉芯药芯焊丝耐油漆性好、有优异的耐气孔性，可以实现高速平角焊，而且有良好抗裂性，所以船厂为了追求焊接效率和质量，已经越来越多推广使用该种焊丝。垂直气电立焊药芯焊丝主要用于船舶建造大合拢阶段船体外板的中厚板对接焊缝，由于采用水冷强迫成型单道焊，焊接热输入量大，因此对焊材韧性要求高，国内已有多家焊材制造企业能够生产满足大热输入气电焊药芯焊丝，但焊缝性能及焊接工艺稳定性方面与国外一流焊材尚有差距。此外，双丝MAG焊及特殊高强钢等专用药芯焊丝已实船应用。

目前我国的药芯焊丝，无论是数量、质量、品种与国外相比均有较大的差距，应大力开发与研究，如碱性药芯焊丝、自保护药芯焊丝、金属型药芯焊丝，以及水下药芯焊丝和不锈钢、耐热钢、耐酸钢、低温钢药芯焊丝等。

（3）埋弧焊材

埋弧焊由于作业环境好，焊接过程稳定，焊缝质量容易保证，一直得到船厂焊工青睐。但由于受焊接位置限制，其仅适合在较长、平直对接焊缝中应用，因此埋弧焊材用量基本维持在船用焊材总量的10%～15%。

船厂使用的埋弧焊方法包括普通单丝埋弧焊、双丝埋弧焊、FAB单面埋弧焊、RF或FCB多丝埋弧焊。从埋弧焊材生产技术分析，焊丝的制造工艺相对简单，焊丝质量主要由钢材原料的化学成分和S、P、O、N等杂质元素含量的控制来保证，而埋弧焊缝质量和性能更多是由焊剂决定的。船用焊剂有熔炼型、烧结型，焊剂实船焊接应用同样需要与相应焊丝配对进行船检认可后才能使用。

随着我国焊接自动化程度的提高，将大力发展多丝MAG焊、垂直立焊、全位置管线MAG焊，以及机器人MAG焊等。无论是实芯焊丝和药芯焊丝，在适应性方面都要进行大量的工作。多丝埋弧焊也将有很大的发展空间，焊丝、焊剂，特别是烧结焊剂需大力发展。单面焊双面成型的各类衬垫在高效焊接中也是不可忽视的。

（4）可持续发展的高效焊材

焊接是污染大户，有强光、噪音，并伴有大量烟尘、飞溅，污染空气和环境，时有职业病的发生。因此，在发展高效焊材的同时，必须考虑可持续发展。根据我国《焊剂与切割安全》GB 9448—88的规定，各类焊接作业的烟尘量≤ 6 mg/m³。然而，实际各工厂的焊接场地均超过此规定，特别是在车间和封闭的容器内，如在船舱内可达38～312 mg/m³，碳弧气刨的烟尘量更大，达200～1 300 mg/m³。

不同焊条的发尘速度及发尘量见表6-6，不同焊材的平均发尘速度及飞溅见表6-7。从表中数据可以看出，高效焊材（实芯及药芯焊丝）发尘量最多，其次是低氢焊条。但各类焊材均超出规定卫生指标。因此，发展各类高效焊材的同时必须降低发尘量，减少飞溅，特别是对碱性低氢焊材来说尤为重要。

日本神钢研制出I系列的药芯焊丝，比同类药芯焊丝发尘量和飞溅量减少30%～40%。这种I系列焊材主要通过调整药芯的组成物，如以$MgCO_3$部分代$CaCO_3$，减少CaF_2及K的含量，以及适当减少激烈氧化等（降低钢带的含碳量）。

表 6-6 不同焊条的发尘速度及发尘量

焊条类型	发生速度/(mg·min^{-1})	每千克焊条的发尘量/(g·kg^{-1})
钛钙型焊条	200~280	6~8
高钛型焊条	280~320	7~9
钛铁矿焊条	300~360	8~10
低氢型焊条	300~450	10~20

表 6-7 不同焊材的平均发尘度及飞溅

	焊条	实芯焊丝	药芯焊丝
发尘速度/(mg·min^{-1})	200~450	400~600	500~850
飞溅/(g·min^{-1})	2~3	2.5~3.5	0.7~1.2

金属型药芯焊丝,也可减少烟尘及飞溅,并能提高生产率和改善焊接工艺性。采用活性焊丝可以提高焊接电弧的稳定性,减少飞溅。此外采用逆变电源亦可降低飞溅,改善焊缝成型。为了保护焊工的健康,焊接工位应安装通风、洗尘设备,特别是在封闭容器之内焊接的时候。

(5)船舶制造用焊接材料的特点

1)高品质。由于船舶焊接质量优先,要求焊接材料在品质上是必须优先得到保证的,因此焊材在得到船级社认可的情况下,每批次在入厂后还需要进行初步的检测,以验证每批次焊材的质量可靠性,以减少后续无效工作为导向选择较高品质的焊材。如选择操作性能好的焊材减少表面打磨量,自动角焊选择铁粉型焊丝杜绝气孔发生率等。

2)高效率。船舶制造,效率是必须考虑的,因此船厂也会不遗余力地推广高效焊接工艺,配套也就需要引进高效率的焊材,如适用于多丝埋弧焊的焊丝焊剂、适用于大热输入焊接的药芯焊丝、适用于高速焊的角焊焊丝等。

3)低成本。在突出以上两个特点的同时,需要考虑选择低成本的焊材,船舶制造一般都会分阶段进行,因此根据不同阶段的施工特点,可以选择不同品质等级的焊材,通过分级在确保质量的前提下降低公司的生产成本。

6.2.2 国内外焊接材料应用现状

(1)国内焊接材料发展进程

20 世纪 80 年代初,国内造船行业开始推行高效焊技术,由此,CO_2 药芯焊丝作为一种高效焊材在船体建造中逐步推广应用。随着用量需求增加,国内多家焊材生产企业纷纷从国外引进和开发 CO_2 药芯焊丝生产技术,经过几年艰苦攻关,终于实现了药芯焊丝国产化。

20 世纪 90 年代初,国内一些大型船企借鉴日本造船焊接模式,引进船体平直分段装焊流水线,将多丝埋弧焊材、高速金属粉芯药芯焊丝引入了国内造船界。同时,通过近十年我国造船市场的蓬勃发展和国家在船舶技术方面的政策支持,一些重点骨干船厂加大了自动化高效焊接技术的研发和应用,特别在 CO_2 药芯焊丝方面,结合船型结构,合理设计生产工序、流程,推出了双丝 CO_2 自动焊、CO_2 自动角焊、双丝垂直气电焊等先进焊接工艺,使 CO_2 药芯焊丝在船厂的用量每年都有大幅提升。图 6-5 为江南造船 2006～2010 年药芯焊丝应用比例,可以看出,江南造船在 CO_2 药芯焊丝应用方面逐年递增,其占焊材总耗量已达 85% 以上。

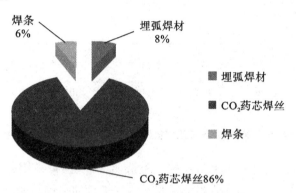

图 6-5 江南造船 2006～2010 年 CO_2 药芯焊丝应用比例

焊材应用比例变化取决于船舶焊接工艺、设备的应用状况和水平。由国内两大造船集团公司(中国船舶工业集团公司、中国船舶重工集团公司)有关专家组成的高效焊接技术指导组对集团下属企业上报的焊接设备、材料、工艺等应用情况和数据进行了统计,表 6-8 是船舶焊接机械化率年度总体情况。统计结果表明,我国船舶焊接技术整体处于上升阶段,但机械化率、自动化应用比例进展不快,在船舶市场鼎盛 3 年中也仅提高了 6 个百分点,许多中小船厂由于技术、资金等原因,很难在短期内降低手工焊条、铁粉焊条等低效率、高能耗焊接材料的使用比例。

表 6-8 船舶焊接机械化率年度总体情况

两大造船集团 2005～2008 年焊接机械化率

年份(年)	2005	2006	2007	2008
应用率(%)	60	62	63.5	66

我国船厂焊工人均焊接材料日消耗量由 2005 年的 15 kg,提高到了 2009 年的 20 kg,焊接效率提高了 1/3,但与日本人均日消耗量 45 kg 的数据相比,差距较大,关键在于我国船舶的自动化应用程度远落后于世界先进造船国家。虽然在广大造船焊接技术人员努力下,国内船厂已先后研究开发了多达 40 余种高效焊接工艺方法,但真正能够被大部分船厂和焊接施工人员全面接受并在现有造船模式和管理状态下实船焊接应用的工艺仅十多种。所以,CO_2 半自动焊在国内船厂依旧占有主导地位,普通 CO_2 药芯焊丝成了船厂最主要的焊材。图 6-6 是江南造船 2010 年埋弧焊丝(剂)、焊条、CO_2 药芯焊丝的应用比例。

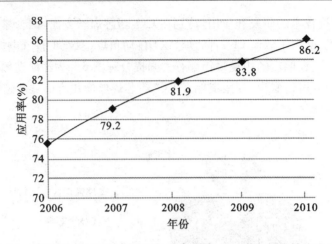

图 6-6　江南造船 2010 年埋弧焊丝(剂)、焊条、CO_2 药芯焊丝的应用比例

　　国内骨干船厂,特别是近年来新建的大型造船基地,注重采用先进造船技术和高效焊接方法。FCB 单面焊、T 形纵骨多电极 CO_2 气保护自动角焊是船体平直分段装焊流水线的重要焊接工艺,其应用的埋弧焊材和高速角焊专用金属粉芯药芯焊丝大多依赖进口,主要是为了大热输入焊接条件下保证良好的电弧稳定性和焊缝外形,减少焊接裂纹产生,同时确保低温韧性钢板的焊缝性能达到船舶标准规定要求。在双丝埋弧焊方面,国产焊材开始逐步替代进口焊材。适合普通 CO_2 自动角焊的配套金属粉芯药芯焊丝不仅实现了国产化,并且已经在生产中应用。垂直气电焊丝目前依然采用进口焊材,国产焊丝实船焊接应用尚处于研制试用阶段。经过船舶市场前几年高速发展和焊接应用技术的不断突破,手工焊条在骨干船厂常规船舶焊接中的用量急剧减少,目前,仅用于一些特殊船舶和特殊船板焊接。

　　船厂引进国外焊材主要基于两个原因:一个是母材的特殊性,如超高强度钢、铝合金、双相不锈钢等,这种材料国内并非没有,但品质的可靠性及稳定性方面则不足,导致船厂为了确保特殊产品的质量,不得不采用国外焊材;另外一个是工艺的特殊性,很多工艺都是国外先应用,配套的焊材也在不断改进发展,因此国内在引进此工艺时不得不采用国外的焊材,而国内的焊材厂商在知道船厂引进了此工艺后才慢慢研究,而这个过程又是比较长的,因此很长一个时期内都只能采用国外焊材。

　　(2)船舶焊接材料存在问题及发展方向

　　我国船舶焊接材料经过 40 多年发展,在材料品质、种类和生产规模方面有了很大提升,为造船工业焊接技术的进步发挥了作用。随着国内船舶市场造船产能急剧扩大,应用先进船舶焊接技术的需求更加迫切,从而对焊接材料的要求更为严格。

　　我国焊材主要存在的问题:虽然品种多但缺乏高品质,产品低端缺乏竞争性,焊材操作性能较差。从船厂需求及发展的角度来看,具体有如下问题。

　　1)高端船用焊材国产化能力不足。

　　虽然国内船舶焊材基本实现了国产化,但主要集中在焊条、普通 CO_2 药芯焊丝等常规焊材方面,一些高端焊材和适用自动化焊接的药芯焊丝依赖进口,不仅直接增加了船舶的建造生产成本,而且因为焊接成本提高,不利于先进焊接工艺推广,导致国内一些船厂焊接水平提高不快。很多新工艺目前仍然采用国外焊材,如 FCB 工艺,可以针对此工艺研究出自己特色的产品,则可以在实现国产化的同时,也突出了自身产品在国内的唯一性,竞争力自然不同凡响。

2)焊材质量良莠不齐。

焊材质量取决于原料本身和制造技术,对 CO_2 药芯焊丝而言尤为明显,除了焊丝填充药粉配方不同外,原料成分、纯净度差异和焊丝生产过程的变化,均会影响焊丝工艺性能和焊接质量。国内焊材生产企业研发技术参差不齐,制造设备各不相同,加上普通 CO_2 药芯焊丝低价竞争,使得问题焊丝应运而生。一旦船厂把关不严,流入造船生产环节,往往会产生焊接裂纹,造成质量事故,从而影响到船厂造船进度和质量声誉。

3)焊材品种少、专一化程度低。

船舶焊接方法、工艺的多样化决定了适用焊材的应用要求不尽相同,在船体不同生产阶段和结构部位,即使同类型焊材,其焊接工艺也有明显差异。目前国内焊材生产企业都是按照焊材分类标准进行生产,除了通用工艺适用的几种焊材外,难见针对船舶焊接特点开发和生产的专用高效焊材,这与研发创新能力不强、企业过分追求规模生产效益有很大关系。

4)焊材研发周期较长。

船用焊接材料通常需要各国船级社认证,获得船检认可后才能在相应入级船舶建造中使用,而且,除了焊缝力学性能外,船用焊材必须具备卓越的工艺性能,才能被从事船舶焊接的工程技术人员、一线焊工接受。因此,在新焊材研制过程中,需要反复进行材料配方调整、样品试制、焊接试验及焊缝综合性能测试等循环流程。而精确完成上述研究试验、短期内实现新项目成功开发,焊材生产企业必须同时具备优秀技术人才、一流测试设备、与船厂紧密合作的基本条件。由于国内企业在研发基础条件方面相对薄弱,致使新焊材从船厂需求的提出到实际生产应用有时要经历几年的漫长时间。

5)现有焊材持续改进力度不够。

船舶焊接技术发展和造船效率提升,需要焊材在减少烟尘、飞溅,提高电弧稳定性,扩大电流适用范围,简化取用保存工序等方面持续优化。国内很多企业注重焊材使用前期的产品技术定型,对船厂使用过程中有关焊材应用工艺方面提出的改进建议响应较慢,焊材企业与船厂需要进一步加强技术合作,对在用焊材不断进行自我改良。

(3)船用焊材发展趋势与前景

2010 年,我国已经成为了世界第一造船大国,但在体现船舶制造水平的焊接生产技术方面还远落后于日本、韩国。主要表现在:焊接机械化、自动化水平低,焊接新材料、新工艺生产应用推广周期长。未来几年,国内劳动力成本上升将促使船舶焊接由劳动密集型向技术密集型转变,国内船企将会加速先进高效自动化焊接工艺的开发、应用,船用焊材发展应当关注以下几方面。

1)CO_2 药芯焊丝需要向多品种化发展。

目前,国内药芯焊丝总量的一半以上用于造船工业,但在品种供应上主要是 E501T-1

型普通 CO_2 药芯焊丝,原因在于一方面船厂以 CO_2 半自动焊为主要生产方式,另一方面焊材生产企业对具有专门工艺特性的专用药芯焊丝缺乏自主研发的热情。船舶焊接向高水平自动化转变,对 CO_2 药芯焊丝专用特性需求更加明显,因此,应当研制适用各种不同焊接位置、不同焊缝形式、不同焊接工艺及不同钢板材料的专用药芯焊丝,解决船厂自动焊工艺适应度低的应用瓶颈。

2)注重高强度、低温韧性焊材开发。

世界船舶市场在今后几年会处于相对低迷的时期,相反,由于世界能源需求大幅提高,加快了海洋资源的开发利用,因此海洋钻井平台及配套辅助装备的市场需求被国内外一些船企看好。海工产品多为低温韧性好的大厚度高强钢,国内配套焊接材料相对匮乏,特别是气体保护焊丝和埋弧焊材。所以,针对世界海工产品用钢进行新焊材研制,形成海工用钢系列化国产焊材,也是对国内船企参与海工产品竞争的有力保障。

3)稳定质量,提升焊材品质。

船厂选用焊材,首先考虑质量,其次关注价格。船舶市场由前几年的高峰跌至低谷,世界船市进入了买方市场,船东对船舶质量近乎苛刻,而船舶建造期间,焊接质量优劣直接影响到船体结构交验,一旦质量有瑕疵,不能得到船东认可,就会相应拖延其他生产节点,给按时交船带来困难,所以船厂可能会加大焊材进厂把关力度,在质量品质和稳定性方面加强监管。对焊材生产企业而言,通过自主研发、科学管理,提高产品技术含量,打造优质精品,用高质量、低成本产品才能赢得船用焊材的市场份额。

从以往的一些试验数据可以看出,很多国产焊材力学性能很好,但操作性能较差,严重影响了现场人员的使用,其实这也是很多国内焊材不受欢迎的原因之一。因此寻找力学性能和工艺性能良好的结合点。可以适当的牺牲力学性能来提高工艺性能,会使焊材品牌的印象得到良好改观。

4)焊材研发需要同步开发工艺。

焊接材料、设备及工艺是焊接技术水平的标志,焊接工艺的发展需要材料、设备作为基础保障,材料、设备通过工艺反映其技术状态,所以,三者相辅相成。通常,焊材研发来源于两方面,一是新材料配套需要;二是船厂焊接效率改进需求。对于第二种情况,焊接工艺的重要性不言而喻,所以,焊材生产企业在新焊材研制进程中必须重视工艺研究,开发产品才能少走弯路,推广使用才会效果更好。根据国内逐渐兴起的新工艺提前进行焊材研究。如目前国内船厂逐渐推广的多丝埋弧焊、FAB法埋弧焊,焊材都需要进口,因此提前进行研究获得技术上的优势,以便在国内大面积推广时赢得主动。

5)紧随船用新材料发展趋向。

随着船舶品种和功能的多样化,船用材料由普通船用钢向高强钢、TMCP钢、耐腐蚀钢、特殊合金钢、不锈钢、低磁钢、铝合金及钛合金等多种材料延伸,有些船用管系还涉及双相不锈钢、铜合金等材料。及时紧跟船用特种材料发展的步伐,开展相应配套焊材研究,加快特种船用焊材国产化开发进程,不仅可以降低船厂焊接生产成本,更重要的是能够形成自主产品,解决国家重大装备制造中焊材短缺现象。

6)推崇环保、节能焊材。

一直以来,我国船舶工业高污染、高能耗的局面没有根本转变。进入 21 世纪,人类节能、环保意识增强,对于船舶焊接,减少环境污染,节能降耗需要从船用焊材的研究和生产入手。不仅在焊材生产中减污降能,更要研制出使用过程中烟尘、飞溅少、高效低能耗焊材,引导船舶焊接向绿色、节能方向发展。

(4)新型焊接材料及其应用

新型焊接材料包括氩弧焊丝、药芯焊丝、埋弧焊丝及焊剂、带极堆焊及焊剂等。主要应用于石油化工,能源工业和航天航空工业。造船厂目前已广泛采用药芯焊丝气保焊,药芯焊丝近 90% 的产量用于造船和修船业。2005 年,我国船厂的焊接高效率达到 80% 以上,其中 CO_2 焊接应用率达到 55%,焊接机械化、自动化率达到 70% 左右。造船业经过"八五"、"九五"10 年的高效焊接技术推广,已在全行业使用了半自动药芯焊丝,使用了各种简易方便的焊接设备和工艺,如角焊机及双丝单熔池 CO_2 焊接工艺。在板缝拼接中使用了三丝、四丝埋弧焊接技术,实现了高速焊接。随着我国造船业国际化进程的发展,一方面对现有焊材在高效性、工艺性、发尘量方面提出了更高的要求;另一方面随着化学品船、铝合金船建造的增多,未来各类不锈钢、双相钢及有色金属焊接材料将会有一定的需求。焊接材料总的发展方向是高质量、高效率、低成本、低技能、低污染。

船舶行业高效焊接材料的发展重要表现在以下几方面:①气体保护焊焊接材料;②铁粉重力焊条;③铁粉焊条;④埋弧焊焊接材料。上述 4 大船舶高效焊接材料是船舶的高效焊接材料系列中的主要焊接材料,其发展将会促进产品结构的调整,从而满足我国船舶工业发展的需要。

6.2.3　船舶有色金属焊接材料的发展

(1)铝合金焊接的发展

铝合金有密度小、可强化、易加工、塑性好、耐蚀性好、无磁性和耐核辐射等一系列优点,是一种十分重要的军品配套材料。例如被用来建造高性能船、低效翼船、双体船、水翼艇、高速艇等艇体以及大中型舰船上层建筑等。

目前铝合金的焊接方法主要有熔焊、钎焊、电阻焊和固相连接四大类,可以说铝合金的 MIG 焊接比钢材的焊接难度更大。铝合金加工工艺在其产品制造中起着非常重要作用,而重要方法之一就是不需任何钎剂的真空钎焊工艺。因其具有许多优点,如无需焊前和焊后的复杂清理工作,操作简化,避免了因钎剂造成的夹渣,在结构中不残留钎剂而保证其耐腐蚀性,生产率提高等,从现在和未来的环境保护观念考虑,铝合金真空钎焊的应用将越来越广泛。铝及铝合金的钎焊可以采用火焰钎焊、炉中钎焊和盐浴钎焊等方法。铝钎料主要以 Al-Si 合金为主。铝用钎剂分为软钎剂和硬钎剂,通常钎焊温度高于450℃所用钎剂为硬钎剂,低于 450℃ 的钎剂为软钎剂。铝合金上层建筑与钢主船体的新型焊接过渡接头因其优越性将得到广泛应用。新型过渡接头的优越性为:以焊接取代了铆接及螺栓连接,这样既可大大提高铝—钢接合部的耐蚀性、水密性,也改善了施工条件,便于维修,因而这种接头的开发成功促进了铝在上层建筑上的应用。目前,世界上已有法、美、英、日、澳等国家在实船上应用了过渡接头。我国用爆炸复合制成的过渡接头也在 1992 年建成的"海鸥 3 号"渡船等几十条船上得到成功应用。

金属基复合材料目前已用来制造舰船雷达天线,大深度鱼雷壳体和轻型舰艇的结构材料等。可以预计,随着焊接和连接技术的逐步成熟,采用铝基复合材料代替普通铝合金和钢铁材料来制造高性能水平的舰船及其装备的时代即将来临。

(2)钛合金焊接的发展

钛是发展较晚的一种金属,从 20 世纪 40 年代中期工业法生产出海绵钛至今,也不过 50 多年的历史,但其发展速度之快,是其他金属所不及的。这是因为钛具有比强度高、耐海水及其他介质的腐蚀、耐低温、高温下具有高的疲劳强度、低的膨胀系数、良好的可加工性(包括焊接)等优点,用其建造的结构,在任何自然环境中都能充分发挥其作用。因而它被广泛用于航空、航天、舰船及海洋工程、石油化工、冶金、轻工机械、建筑、医疗等许多工程和生活领域。在舰船应用中,除利用其耐海水腐蚀和高比强外,还有无磁、透声、冲击震动等,是一种优秀的舰船结构材料。各国海军及造船工业对钛材在舰船装备上的应用与研究十分重视,先后研究出许多牌号的船用钛合金及舰船装备产品。从 20 世纪 60 年代开始至今,我国已研发了多种牌号的船用钛合金,并初步形成体系,研制的船用钛合金装备性能良好。

钛合金焊接有熔化焊,包括氩气保护焊和真空氩气保护焊。氩气保护焊是利用氩气作为外加气体保护介质的一种电弧焊方法。氩气在电弧周围形成保护层,以防止空气中有害气体的侵入,保证了焊接过程的稳定性,从而获得高质量的焊缝。真空氩气保护焊的特点是杜绝有害气体的侵入,改善焊缝内部组织,改善劳动环境。

钛基复合材料的焊接是不产生熔化和结晶的固相焊,该工艺是替代熔化焊连接纤维增强钛基复合材料的一种焊接方法。最近,扩散焊用于制造 SiC 纤维增强 Ti-6Al-4V 波形板。电容储能电阻点焊是一种有潜力连接连续纤维增强钛基复合材料的焊接方法。

(3)铜合金焊接的发展

制造螺旋桨要求材料具有优良的疲劳性能,抗空泡腐蚀性能,耐海水腐蚀、耐磨损性能,优良的防海生物污染的性能,良好的力学性能,优良的铸造成型性能。铜合金主要用于舰船管路泵、阀,螺旋桨及各种冷凝设备中。第二次世界大战前,由于高强度镍铝青铜、高锰铝青铜合金均未问世,所有舰船螺旋桨均用黄铜,20 世纪 60 年代以后所有重要舰船螺旋桨均改用镍铝青铜、高锰铝青铜或其他新研制的其他铜合金。

焊接铜和铜合金常用的方法有氩弧焊、气焊、电弧焊、钎焊等。采用氩弧焊能更好地保护铜液不被氧化和不溶于气体,焊缝质量较好。采用低熔点的铜基焊丝钎料(如:硅青铜、铝青铜等),在纯氩气保护下的熔化极气体保护焊叫 MIG 钎焊,具有焊丝熔化速度快、电弧稳定性好、熔深浅、焊速快等工艺特点。采用手工钨极氩弧焊,焊接铜及铜合金,可以获得高质量的焊接接头。这是由于氩气能很好地保护液态熔池金属,不受空气和其他气体的有害影响,可以减少或防止气孔。另外,氩气具有较低的热传导性,能保持电弧的热量集中,可以减少或防止合金元素的烧损和蒸发,以免降低焊接接头的机械性能。

由于铜镍合金机械性能和耐蚀性好,在工业中广泛应用,同时作为一种高耐蚀性结构材料广泛应用于化工、海水工程中。主冷凝器衬里复层和汽封抽气器采用白铜板铜镍合金,铜镍合金不仅具有较好的综合力学性能,而且由于其导热性接近于碳钢,因而比较容易焊接,不需要预热。

6.3　船舶焊接方法与设备

由于高效焊接技术与常规焊条手工电弧焊相比,具有生产效率高、焊接质量好、节约能源和材料、改善劳动条件和保护环境等特点。因此,对于船舶制造可大大缩短造船周期、降低造船成本,故对我国造船业来说,船舶焊接方法及设备的整体发展趋势应是向高效焊接工艺及设备发展。

6.3.1　常见的高效船舶焊接技术

从 20 世纪 70 年代末期开始,广大船舶焊接科技人员就一直致力于造船焊接工艺方法的多样化和高效化,目前已由最初的 3~5 种焊接方法发展到现在的 40 多种(表 6-9),并获得各船级社的认可,在产品上获得广泛的应用。

这些高效焊接工艺在中国船舶工业高效焊接技术指导组的大力推广下,使我国造船焊接高效化率,从 1990 年的 50.25% 提高到现在的 80.9%,为我国船舶工业的快速发展做出了巨大的贡献。

表 6-9　我国造船高效焊接技术类别及工艺

类别序号	高效焊接类别	名称序号	高效焊接工艺名称
1	埋弧自动焊	1	FCB 法焊剂垫双丝单面埋弧自动焊
		2	FCB 法焊剂垫三丝单面埋弧自动焊
		3	RF 法热固型焊剂垫双丝单面埋弧自动焊
		4	FAB 法软衬垫双丝单面埋弧自动焊
		5	双丝单面埋弧自动焊与半自动 CO_2 衬垫单面焊混合焊
		6	自动埋弧角焊
2	CO_2 气保焊	7	CO_2 气保护全位置半自动角焊
		8	CO_2 气保护衬垫单面半自动平对接焊
		9	CO_2 气保护衬垫单面半自动立对接焊
		10	CO_2 气保护衬垫单面半自动横对接焊
		11	CO_2 气保护焊自动水平角焊
		12	双丝 MAG 焊
		13	WC-1 气保护自动角焊
		14	5083 铝合金自动 MIG 焊

（续表）

类别序号	高效焊接类别	名称序号	高效焊接工艺名称
3	垂直气电自动焊	15	舷侧大接头垂直焊缝对接自动焊
		16	槽形隔壁垂直对接自动焊
		17	舷侧双壳隔壁垂直对接自动焊
		18	垂直气电超厚板单面焊
		19	垂直气电立角焊
4	横向自动焊	20	横向自动气保护焊
5	下行焊	21	CO_2 气保护半自动下行烛
		22	手工焊条下行焊
6	重力焊	23	OK33.80、T5024、CJ421Fe 等焊条的重力焊
7	高效铁粉焊条焊	24	熔敷效率180%高效铁粉焊条平角焊
		25	熔敷效率150%高效铁粉焊条平角焊
		26	熔敷效率130%高效铁粉焊条平角焊
8	手工衬垫单面焊	27	手工陶瓷衬垫单面对接焊
		28	手工黄沙衬垫单面对接焊
		29	手工砂绳衬垫单面对接焊
		30	船用球扁钢手工衬垫单面对接焊
9	氩弧焊	31	铝合金自动 TIG 单面氩弧焊
		32	铝合金半自动 MIG 氩弧焊对接焊
		33	铝合金半自动 MIG 氩弧焊角接焊
		34	铜镍合金管、铝黄铜管单面氩弧焊
		35	钛合金单自动 TIG 焊
10	钎焊	36	铝黄铜加热管钎焊
		37	锡黄铜加热管钎焊
11	窄间隙焊	38	窄间隙自动埋弧焊
12	电渣焊	39	艉柱拼接焊缝丝极电渣焊
		40	高层建筑立柱熔嘴电渣焊

除了上述船厂正在推广应用的高效焊接工艺外，还有一些高效率的、符合绿色焊接和清洁生产要求的新工艺值得我们关注，如搅拌摩擦焊和激光焊接等。

这里具体介绍几种常见的高效船舶焊接技术。

（1）SG-2 法焊接（气电垂直自动焊）

SG-2 法是日本神钢开发的垂直气电焊（EGW）的简称，主要用于船舶建造分段合拢时的立向上对接焊,多用于船体合拢,比手工焊条焊提高效率 6～8 倍。其工艺示意图如图 6-7 所示。

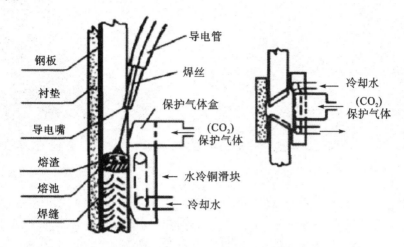

图 6-7　气电垂直自动焊示意图

该工艺使用的焊接材料为 φ1.6 mm 的药芯焊丝,典型牌号为 DWS-43G,配 KL 和 JN 型陶质衬垫。由于日本神钢的专利技术和良好的产品质量,在国内船厂应用普遍,而且由于合拢缝的重要性,对神钢以外的同类产品均采取格外谨慎的态度,不轻易替换。焊接过程中,用 CO_2 气体作保护,并对焊接熔池采用强制一次成型的方法来完成的,焊缝的前后面分别用水冷铜滑块和带有梯形凹槽衬垫,以保持熔池稳定和成型良好。

(2)高速纵骨焊焊丝

平面流水线的平板 FCB 法对接焊之后进行纵骨的双面 CO_2 自动角焊,在纵骨焊接工位采用双面双丝 CO_2 高速焊工艺,每个纵骨的两侧各有两把焊枪、4 把焊枪同时焊接,焊接速度最高为 1 000 mm/min,焊丝为 MX-200 和 SQJ50MX,适用于 A、B、D、AH32、AH36、DH32、DH36 钢的焊接。目前这些焊材仍然是进口,开发该焊丝的难点主要是在高速焊接时如何能获得良好的焊缝成型和耐钢板底漆的性能。

(3)埋弧焊工艺

主要应用于平板平直焊缝,主要有单丝、多丝埋弧焊和窄间隙埋弧焊,其中应用于平面分段流水线的 FCB 法焊接,是铜板上分布厚度均匀的衬垫焊剂,并用压缩空气软管等顶升装置把上述填好焊剂的铜板压紧到焊缝背面,从正面进行焊接而形成背面焊道的一种单面埋弧焊接法,如图 6-8、图 6-9 所示。单丝埋弧焊如图 6-10 所示。

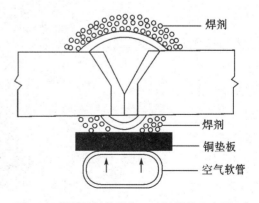

图 6-8　焊剂铜衬垫法(FCB 法)焊接示意图

图 6-9　焊剂铜衬垫法(FCB 法)焊接实例

图 6-10　单丝埋弧自动焊设备

流水线生产厂商有日本新日铁、神钢以及欧洲的厂商。焊丝为 Nittetsu Y-A(φ6.4 mm 和 φ4.8 mm),底层焊剂 NSH-1R,主要是保证焊缝的背面成型;表面焊剂 NSH-50,主要作用是保持电弧稳定燃烧。该工艺焊接速度快,最高可达 1 500 mm/min。因此,需要在高速和大热量输入的情况下保证焊缝具有良好的力学性能和背面成型。另一种应用较广的方法是焊剂石棉衬垫单面焊(FAB 法),它是一种单面埋弧自动焊方法,利用柔性衬垫材料装在坡口背面,并用铝板和磁性压紧装置将其固定,其特点是简便、省力、材料成本低廉,它主要应用于曲面钢板的拼接以及船体建造中船台合拢阶段甲板大口的焊接。

(4)熔化极活性气体保护焊(MAG 焊)

所谓的活性气体保护焊焊接技术就是采用 CO_2＋Ar 混合气体的 CO_2 半自动或自动焊接,普遍应用于不锈钢的焊接。上海船舶工艺研究所开发了适合船厂专用的双丝单面 MAG 焊接技术与装备,该项技术的主要特点是:可无间隙装配,坡口内定位焊,添加切断细焊丝,背面应用陶瓷衬垫,板厚在 12～22 mm 范围内可一次成型,焊接速度快,焊接效率高,焊接质量好。MAG 焊自 20 世纪 50 年代以来得到广泛应用,日本已占 70％以上。MAG 焊有自动和半自动两种方式,保护气可采用 CO_2 或混合气体,焊材可以是实芯或药芯焊丝,其特点是高效、节能、质量好、成本低、易自动化。

(5)TIME 焊

该工艺是在普通 MAG 焊工艺基础上开发的一种新的焊接工艺,在焊接质量明显改善的情况下提高了熔敷效率。TIME 焊和 MAG 焊角焊缝焊接效率比较如图 6-11 所示。

MAG焊:
坡口角度: 50°
送丝速度: 11 m/min
熔敷率: 5.8 kg/h
TIME:
坡口角度: 40°
送丝速度: 18 m/min
熔敷率: 9.6 kg/h

图 6-11　TIME 焊和 MAG 焊角焊缝焊接效率比较

　　TIME 焊的工艺特点可简单地概括为：大的焊丝干伸长，高电弧电压，高速的送丝速度，提高热能和熔敷效率，达到高速、高效的焊接效果。大的焊丝干伸长意味着提高电阻热，采用高的电弧电压、大的电流，结果都能提高其熔敷效率，并在大电流的 MAG 焊禁区开创了新的应用领域。

　　(6)自动角焊 MAG 焊

　　船舶焊接结构中，角焊缝比例特别高，提高角焊的自动化率极为重要。船厂应用的主要角焊设备有以下三种。

　　1)简易 CO_2 自动角焊：适用于长直焊缝，如图 6-12 所示。

　　2)排制作自动角焊：无需装配焊接，焊接速度快、焊接变形小。

　　3)体纵骨自动角焊：双丝双电弧，平直分段纵骨焊接，同时焊接四纵骨八焊缝。

图 6-12　CO_2 自动角焊设备

　　(7)焊剂石棉衬垫单面焊(FAB)

　　FAB(Flux Aided Backing)法利用柔性衬垫材料装在坡口背面一侧，并用铝板和磁性压紧装置将其固定，主要用于曲面钢板的拼接及船台合拢阶段甲板大口的焊接，如图 6-13 所示。

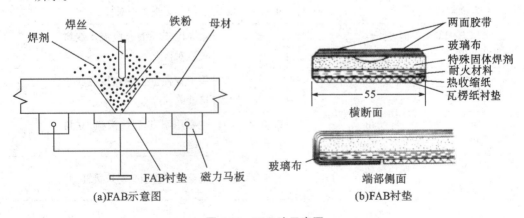

图 6-13　FAB 法示意图

（8）热固化焊剂衬垫单面焊（RF）

RF（Region Flux Backing）法是采用一种特制的含有热硬化性树脂的衬垫焊剂，它的下部是装有底层焊剂的焊剂袋，如图 6-14 所示。

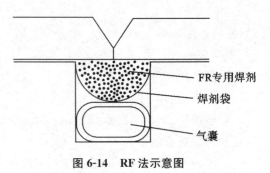

图 6-14　RF 法示意图

（9）铜衬垫单面焊 FCB 法

FCB（Flux Copper Backing）法是采用焊剂铜衬垫及压缩空气加压。通常用双丝或多丝埋弧焊，第一丝常用直流，其他丝用交流电源，如图 6-8 所示。平面分段流水线 FCB 法三丝埋弧自动焊设备如图 6-15 所示。

图 6-15　平面分段流水线 FCB 法三丝埋弧自动焊实例

表 6-10 列出了常用焊接方法的应用范围。

表 6-10　常用焊接方法应用范围

序号	焊接方法	坡口代号举例	焊接位置	应用范围	备注
1	焊条电弧焊	V-1	全位置	主要用于定位焊和焊缝修补	
2	双面埋弧自动焊	AI-1，AY-1	平对接（1G）	主要用于拼板平对接	自动焊
3	FCB 铜剂垫单面埋弧自动焊	FY-1	平对接（1G）	主要用于平面分段流水线拼板平对接	自动焊
4	CO_2 半自动焊	CV-1	全位置	用于各种位置的对接缝和角接缝等	半自动
5	CO_2 自动角焊（自动角焊机）		横角焊（2F）、立角焊（3F）	主要用于 T 型接头横、立角焊缝	自动焊
6	CO_2 单面焊与埋弧自动焊混合焊	CV-1*	平对接（1G）	主要用于拼板平对接接缝	

（续表）

序号	焊接方法	坡口代号举例	焊接位置	应用范围	备注
7	CO_2 横对接单面自动焊	CV-4	横对接(2G)	主要用于外板等部位的横对接缝	自动焊
8	CO_2 双丝 MAG 单面自动焊	CMV-1	平对接(1G)	主要用于内底板等部位的平对接缝	自动焊
9	CO_2 单丝 MAG 单面自动焊	CV-1*	平对接(1G)	用于平板平对接缝	自动焊
10	SEG 气电垂直自动焊	SV-1	立对接(3G)	主要用于外板等部位的立对接缝	自动焊
11	SEG 气电垂直焊与 CO_2 半自动混合焊	CX-11	立对接(3G)	主要用于厚板立对接缝	自动焊
12	16 电极双侧双丝自动角焊		横角焊(2F)	主要用于平面分段流水线纵骨横角焊	自动焊

6.3.2　新型高效船舶焊接技术

（1）焊接机器人系统

机器人焊接是焊接自动化的最高水平，是计算机技术、自动控制技术、气保护焊接技术的完美结合，适用于船舶构件批量化、小型化焊接生产以及狭窄舱室短焊缝全位置焊接。在造船业成功应用的有欧登塞船厂的舱体格子形构件焊接移动机器人，韩国釜庆国立大学的 Kam、BO 等人研制的复杂焊接环境的轮式智能移动焊接机器人，上海交通大学研制的具有自寻迹功能的焊接移动机器人，这些机器人实现了大型舰船甲板的高效自动化焊接，保证了焊接质量。欧盟研制了一套双层外壳船舶焊接机器人，以满足双层外壳船舶建造的需要，如对超级巡洋舰和巨型油船，该机器人在实验室环境下实现了基于电弧传感的 6 自由度焊缝跟踪。虽然 20 世纪 90 年代日本船厂就开始使用焊接机器人，韩国现代已研发出 5 种获得国际认证的焊接机器人用于船厂焊接，但我国亦开始了船舶焊接机器人系统的研究。我国的外高桥造船有限公司等单位已开始尝试采用机器人焊接技术用于船舶结构焊接。图 6-16 所示为华宇Ⅰ型弧焊机器人。

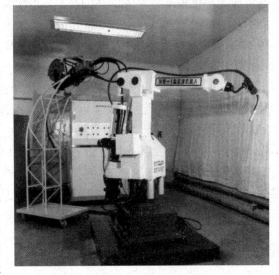

图 6-16　弧焊机器人

（2）激光—电弧复合焊接

激光—电弧复合焊接具有焊接速度快、自动化程度高、焊接热变形小等优点，是船舶焊接技术发展不可缺少的一种新技术，尤其在铝合金的焊接中有明显优势。近来，这一技术已经在日本、韩国和欧美一些国家得到了广泛的研究与应用，而我国应用的还很少。

激光—电弧复合焊接技术是基于综合单独的激光焊接和电弧焊接而产生的，其原理如图 6-17 所示。

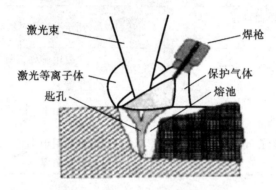

图 6-17　激光—电弧复合焊原理

电弧焊接早已大量应用于生产，但其焊接效率低、变形大、耗材昂贵、对焊工要求高。激光焊接应用时间还不长，但由于其焊接功率密度高、熔宽比大、焊速快、变形小，得到了广泛的研发应用。值得注意的是，大功率激光器价格昂贵，搭桥能力差，对焊接预处理要求高。

将激光、电弧复合起来，同时作用于焊接件，其效果不只是两种焊接作用的简单叠加，而是可以起到"1＋1＞2"的协同效应。

激光与电弧复合焊接技术的特点：可有效利用激光能量。电弧先熔化母材，提高激光吸收率；增加熔深，利用激光束作用于熔池底部，进一步提高熔深；稳定电弧，激光使气体电离产生等离子体，有助于稳定电弧；降低对焊缝装配精度要求，装配间隙可由 0.3 mm 增大至 1 mm。

激光—电弧复合热源是一种高效率的焊接方法。这种方法能够改善某些材料的可焊性，像铝合金、异种材料等。由于激光与电弧的相互作用，焊接速度提高了，焊接循环周期缩短了，而且达到同样的焊接效果所需的激光功率大大降低了，这些都能使焊接成本大大降低。同时焊接变形非常小，焊后的修整工作量大为减少。因此激光—电弧复合焊接技术，无论是从工艺角度，还是从经济角度来看，都具有广阔的发展和应用前景。

（3）搅拌摩擦焊

1991 年，英国焊接研究所发明了搅拌摩擦焊（Friction Stir Welding，FSW），这项杰出的焊接技术发明正在为世界制造技术的进步做出贡献。

搅拌摩擦焊是在原摩擦焊的基础上，利用一种相对比母材稍硬的摩擦头，接触在待焊的部位，在一定压力下摩擦头旋转生热使该部位处于塑性状态，从而实现焊接。中国搅拌摩擦焊工程中心为江苏科技大学制造的搅拌摩擦焊设备，如图 6-18 所示。

搅拌摩擦焊属于固相焊接，与传统的熔化焊接相比，具有无强光、无飞溅、无烟尘、不需要焊材、接头无气孔、夹杂及裂纹等优点,并具有细晶组织,属于优质无污染的焊接技术。

搅拌摩擦适用于制造大型船舶铝合金结构件,国外已采用此技术生产预成型结构件,使船舶制造由零件的制造转变为船舶甲板以壳体的预成型结构件的装配。迄今搅拌摩擦焊已经在英国、法国、挪威、瑞典等得到船级社的认证,甚至美国、澳大利亚和日本的船级社也批准搅拌摩擦焊成为新型船舶制造工艺技

图 6-18 搅拌摩擦焊设备

术,如大型豪华游轮"Star Princess"号的 25% 的船用铝合金壁板构件由搅拌摩擦焊制造,总体成本降低约 5%。在我国新研制的"双体穿浪隐形导弹快艇"的宽幅铝合金壁板的制造上也应用了搅拌摩擦焊技术。

因此,搅拌摩擦焊是一种先进的铝合金焊接技术,可以在铝合金船舶制造中推广应用。但是目前搅拌摩擦焊尚难以焊接形状比较复杂的焊接结构,随着科技进步,将会有所突破。

(4)未来船舶焊接技术的几个研究热点

1)船舶与海洋工程大厚度钢板的焊接。

随着大型集装箱船和海洋工程等的开发建造,钢板厚度和强度的不断增大,要求更高的低温韧性(-60℃)服役要求,以往的 FCB 等焊接法满足不了其焊接工作的需要。因此,需要结合钢材的供应状态,如钢板材料是普通的调质钢还是 TMCP 钢,研制合适的焊接工艺,在厚板焊接中采用大线能量焊接,实现大厚度钢板的焊接要求。

2)薄板焊接技术研究。

在海洋工程模块等结构上,3～6 mm 的薄板有较多的应用,焊接后容易产生变形,带来很大的矫正工作量,因此需要在现有焊接技术基础上研究合适的薄板结构焊接技术,减少焊接变形,提高效率,降低成本。如细丝埋弧焊技术和 CO_2 气体保护焊下行焊技术等,从焊接方法、坡口、材料焊接工艺等方面改进薄板的焊接工艺。另外一个途径就是引进高新焊接技术,如激光焊接技术等,激光焊接早已在日本造船厂的薄板焊接中已经得到了应用。

3)研究焊接机器人技术。

焊接机器人具有效率高、质量稳定等优势,是提高焊接机械化、智能化的高端焊接技术。如条件具备,对焊接机器人技术进行探讨和试验,增加技术储备,对于提高焊接效率,提高焊接自动化水平,降低对人员的依赖等具有重要意义。

6.3.3 国内外船舶高效焊接工艺及装备

(1)国外船舶高效焊接工艺及装备发展情况

1）日本。

日本造船焊接技术的发展历经简易机械化、机械自动化和机器人智能化三个阶段，利用各种先进的焊接设备实现高效的焊接工艺。从 20 世纪 70 年代开始发展半自动 CO_2 气保护焊取代手工焊条电弧焊为第一阶段，从 80 年代末开始发展独立台车形式的焊接设备为第二阶段。采用 MAG 焊接工艺，通过跟踪或仿形焊缝自动完成焊接，焊接效率成倍甚至数倍提高，焊接质量优良，有效地控制了焊接变形和提高船体建造精度，焊接工人劳动强度和环境得到很大改善。1995 年神户制钢和 NKK 津船厂合作开发了世界上第一套造船焊接机器人系统并用于小合拢生产，标志着第三阶段的开始。NKK 津船厂配置了 26 台焊接机器人，其中，小合拢工作站设置了 10 个机器人，中合拢工作站设置了 16 个机器人，整个车间全部制造过程由中央电脑控制室控制，几乎达到了无人化的程度，焊接质量、焊接速度、焊接效率均达到了世界上最先进水平。NKK 于 2000 年推出了一种仰焊机器人，能从船体下面焊接船底壳板。机器人焊炬上有激光传感器，它能使机器人监控间隙宽度和焊接方向，并能从数据库中选择最佳焊接方案。川崎重工 2003 年开发出一套高度自动化的用于潜艇耐压壳体焊接的系统，该系统包括一系列用于各种结构焊接的机器人，具有良好的焊接控制能力。

从小合拢到大合拢，从平面到曲面，日本的船厂均实现了高效自动化的焊接。NKK 津船厂的小合拢采用各种轻便型自动水平角焊机及门架式多关节机器人焊接低构架肋板框架、平板部件；构架的肋板与纵桁之间以及与纵骨之间的角焊缝，构架与底板的水平角焊缝则采用门架式机器人或多台小型机器人进行"井"字形构件内水平和立向自动角焊；曲面分段外板的拼接，在大型焊接变位机上采用小车或双丝串列摆动单面 MAG 自动焊进行焊接，以取代传统的 FAB 法，或采用半门架 4 轴数控机器人进行焊接，而三维曲板的单面焊和纵横构件在曲形外板上的装焊尚在研究中；大合拢除舷侧旁板平直部分对接缝采用垂直气电焊外，还采用横向自动气电焊。船体内底板和上甲板对接焊采用 FAB 单面埋弧自动化焊，或采用单丝或双丝单面 MAG 自动焊和可移动式轨道或无轨道焊接机器人进行单面 MAG 对接焊。

搅拌摩擦焊技术在日本许多船厂也获得应用。三井造船厂于 2004 年将搅拌摩擦焊技术用于高速货船上层建筑的建造，该船已投入使用多年且性能良好。日本 Sumitomo 轻金属公司采用搅拌摩擦焊技术生产铝质蜂窝结构板件和耐海水的板材，其中耐海水的板材由 5 块宽度为 250 mm 的 5083 铝合金挤压板连接成一块尺寸为 1 250 mm×500 mm 的铝合金板，由于焊缝根部和背面具有良好的平整性而被用作船舱的壁板。

2）韩国。

韩国造船工业在政府的大力支持和自身的努力下，通过引进国外先进技术和自主研发进行造船装备的自动化改造，从而迅速崛起。大宇重工的玉浦船厂从 1995 年起通过采用含有机器人的新型平面分段生产线等各种现代化造船装备，大大提高了劳动生产率，走出了一条不依靠扩充造船设施就能提高造船能力的捷径。三星和现代两大集团，在船厂的平面分段流水线的拼板、骨材装焊等环节也应用了机器人，以提高生产效率。三星重工采用爬行式机器人自动焊接油轮侧壁。大宇造船厂联合韩国釜山国立大学采用离线编程、虚拟技术将焊接机器人应用于造船工业中。韩国釜庆国立大学的 Kam、BO 等人研制了一种体积小巧、质量轻的轮式智能焊接机器人，已用于船体"井"字形构件的焊接。

3）美国。

美国船厂从 20 世纪 80 年代起就将机器人列为船厂的适用技术。托德·太平洋公司的洛杉矶船厂在 1983 年将弧焊机器人用于小部件的生产，阿冯尔船厂在纵桁和横梁流水线上应用机器人进行作业。美国将造船机器人纳入"再投资技术项目"（Technology Reinvestment Project）研究计划，目标是：①开发造船用全机器人焊接系统；②开发模块组装机器人，可按任务要求组装成功能不同的机器人，具有先进的传感和适应能力，可在杂乱的环境中工作；③开发具有用户友好接口的系统，可被不了解机器人和自动化的造船工人所接受；④开发以开放式结构个人计算机操作为基础的模块式网络系统；⑤开发可与船厂各种 CAD/CAM 系统相连接的自动离线编程系统。最近，美国军船研究办公室联合 Newport News 船厂、国家标准和技术研究所提出了一种先进的双壳船建造的技术概念，即遥控升降焊机，包括自动焊机、焊台和自动升降设备。该系统有 6 个自由度，在船台装配时可代替人工进入指定分段位置，通过激光传感器将工作进程反馈给控制人员，从而在控制人员的操控下精确地完成焊接工作。在新技术开发和应用方面，美国一直走在世界前列。由美国海军资助，美国宾夕法尼亚州立大学联合国家钢铁与造船公司开发的激光-MIG 复合焊技术成功地应用于 T-AKE 级战斗后勤补给舰管系的焊接，为造船厂节省 50 万美元的成本。美国海军制造技术（ManTech）资助项目——移动式激光电弧复合焊系统（Mobile Hybrid Laser Arc Welder）开发时间从 2007 年 11 月到 2008 年 12 月，开发出一套搭载激光复合焊接系统的移动设备，用于船厂角焊缝的焊接。如图 6-19 所示，这套系统可装在现有的平面分段流水线或其他生产线上，通过提高焊接速度减少平面分段制造时间来降低成本，通过减少焊接变形、提高制造精度和焊缝金属特性来提高焊接质量。此外，美国海军 ManTech 项目对先进两栖攻击艇中 2519 铝合金采用搅拌摩擦焊也取得了成功。

图 6-19　移动式激光—电弧复合焊接系统在船舶焊接中的应用

4)欧洲。

 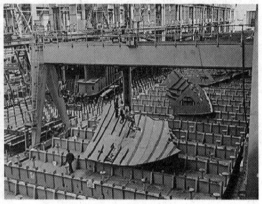

a)部位装焊   b)曲面板列装焊

图 6-20　IGM 机器人在船舶焊接中的应用

由于人力成本非常高,因此,欧洲造船国家不遗余力地推进自动化、智能化焊接技术,欧洲不少国家的船舶建造中都相继不同程度地采用了焊接机器人。最近几年,奥地利 IGM 机器人系统公司将机器人焊接系统成功用于船舶制造业中,无论是豪华客轮、油轮、货柜船,还是巡洋舰的建造,IGM 焊接机器人都有较多应用,一个系统内可以有 10 个机器人同时进行工作,图 6-20 为 IGM 机器人在船舶焊接中的应用。丹麦欧登塞船厂采用轻便型数控机器人和大型门架式焊接机器人,每天能焊 3 km 长的焊缝,已用于集装箱船的制造,该公司还使用带漫游示教手柄的机器人焊接典型钢板和垂直加强筋组成的网格状工件。欧盟的 ROW-ER-2 工程旨在研制一套焊接机器人系统,以满足双层外壳船舶建造的需要,该工程还专门研制了一个铝合金焊接机器人,并设计了灵活轻便的移动平台,使用药芯焊丝气保护焊工艺,采用电弧传感实现对焊缝的三维跟踪。欧洲掌握着激光核心技术,激光焊接技术在欧洲造船厂的应用最多。德国迈尔船厂(Meyer)率先于 2002 年将配有激光—电弧复合焊装置的自动化生产线应用到大型船体部件的实际生产,对 20 m×20 m 的部件进行平板焊接,无须翻转焊件。在甲板预制区内,有两个对接焊工作站,厚度在 15 mm 以内的板能达到 3.0 m/min 的焊接速度。另外,还有两个角接焊接工作站,用于焊接直线尺寸长度在 20 m 以内、厚度在 12 mm 以内的甲板或壁板。目前,该船厂已广泛使用激光—电弧复合焊接技术。欧洲进行的"船坞激光"工程加速了激光—电弧复合焊技术在欧洲船厂的应用,为提高造船、修船生产效率和质量、改善工作条件开辟了新途径。

(2)国内船舶高效焊接工艺及装备的新发展

经过 50 多年的发展,中国已成为世界造船大国。目前,我国造船焊接工艺已发展到 40 多种。高效焊接技术除了在散货船、油船、集装箱船等主力船型上应用之外,还在液化天然气船(LNG)、液化石油气船(LPG)、海洋浮式生产储油船(FPSO)、超大型油船(VLCC)、军用船等高技术、高附加值船舶上获得了广泛应用。

1)高效焊接生产线。

①平面分段流水线。从最早的国外引进到自主开发,平面分段流水线已成为我国大中型船厂不可或缺的生产线,包括平板拼接、构件角接等焊接工位,主要采用多丝埋弧自动焊和多电极 CO_2 气保护焊等工艺,生产效率很高,图 6-21 为外高桥造船有限公司双丝埋弧焊焊接实况。

②机器人管子—法兰焊接生产线。该生产线的功能是将预先堆放在料架平台上的原料管子经过自动进料、长度测量、自动套料、定长切割、标签标识、管子法兰装配、焊接机器人实时进行焊缝自动识别和跟踪,并依据专家数据库内容自动确定最佳焊接工艺参数和焊接层数自动完成单层或多层焊(1~6 层),焊接完成后按生产要求归类下料,加工过程中产生的余料管和废料管也得到适当收集。该生产线实现数字化、自动化作业,替代人工操作,具有加工精度与效率高、场地利用率高,以及生产安全、节能减耗、环保等特点。机器人自动焊接质量远远超过人的手工焊接,机器人焊接后人工表面打磨工作大大减少,工场空气中有害粉尘大幅度降低。图 6-22 为机器人管子—法兰焊接生产线在船厂的典型应用。

图 6-21　外高桥造船有限公司双丝埋弧焊焊接实况

a)江南管业应用的机器人管子—法兰焊接生产线　b)新时代船厂应用的机器人管子—法兰焊接生产线

图 6-22　机器人管子—法兰焊接生产线

2)快速搭载焊接工艺及设备。

船厂在内场制造各种分段后,将分段运至外场合拢成总段,总段完成后进入船台(坞)进行搭载,搭载得快慢就决定了船台周期。快速搭载是先进造船方法中的一个重要环节,其中搭载阶段各种形式接头的焊接施工是搭载阶段的主要工作之一。采用先进焊接工艺、实施自动化焊接施工是实现搭载快速化的重要途径。搭载阶段各种形式的焊接接头主要包括船体结构内部和舷部外侧各个部位的五种焊缝类型。

自"九五"以来,我国专业从事船舶焊接工艺研究的单位针对这五种类型焊缝开展了相应的机械自动化焊接工艺和设备的开发和应用研究,已可实现搭载阶段五种类型焊缝焊接接头的自动、快速焊接,各种自动化焊接工艺及装备在搭载阶段的应用位置如图 6-23 所示。

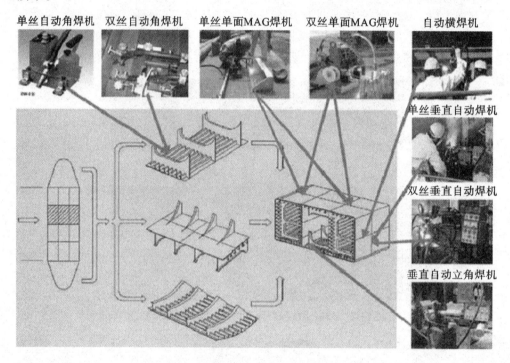

图 6-23 自动化焊接工艺及装备在搭载阶段的应用位置

至今,已有一千多台套车型机械自动化焊接设备在国内 30 多家大中型船厂获得应用,实现船体平直部建造的自动化焊接率达到 70% 以上,有力地促进了我国船台(坞)总段大合拢装焊作业的机械自动化技术总体水平的提高。这些焊接工艺及装备包括:

①垂直面的立向对接焊自动化焊接工艺及设备。

垂直面的立向对接焊自动化焊接采用 CO_2 气保护单面焊双面成型焊接工艺,正面采用水冷铜滑块,背面贴陶瓷衬垫,一次焊接成型。垂直面的立向对接焊自动化设备(垂直自动焊机)是一种可靠、自动化程度高的专用焊接设备,该设备采用模块式结构,使用灵活方便。小车自动行走进行连续自动焊,从而避免了传统工艺中的焊接断点,提高了焊缝的可靠性。垂直自动焊机分为多种形式,单电极通用型适用于板厚 9～32 mm 的焊接;

单电极厚板型适用于板厚 9～45 mm 的焊接;双电极适用于板厚 30～70 mm 的焊接。无论采用单电极还是双电极焊接,均为一次焊接双面成型,可大幅度提高焊接效率和质量,图 6-24 所示为沪东中华造船有限公司的垂直自动焊接工艺。

图 6-24　沪东中华造船有限公司的垂直自动焊接工艺

②横向对接焊自动焊接工艺及装备。

针对船体建造中舷侧板横向对接焊缝的焊接而专门设计的焊枪摆动机构,解决了垂直位置横向焊接工艺复杂以至难以实现自动化焊接的难题。焊速与焊枪摆动参数可无级调整控制以满足各种板厚的焊接要求,车体小型轻巧,良好的搬运性适合船台、船坞焊接作业。图 6-25 所示为沪东中华造船有限公司 LNG 船横向对接自动焊接工艺。

图 6-25　沪东中华造船有限公司 LNG 船横向对接自动焊接工艺

③垂直立角焊自动焊工艺及装备。

垂直自动角焊机是具有自动行走功能、带有焊枪摆动机构的轻便型自动焊接小车,如图 6-26 所示。工作时,该小车骑在专用磁性轨道上,由小车上的动力齿轮与轨道上的齿口啮合而平稳行走。针对船体建造中 T 形接头立角焊位置的焊接而专门设计的焊枪摆动机构特别适合船体垂直位置角焊缝的自动化焊接,为垂直位置角焊缝的焊接施工提供了一种高效、高质量的自动化焊接手段和方法。

图 6-26　垂直立角自动焊设备

④水平面对接焊自动焊接工艺及装备。

双丝单面 MAG 焊机采用摆动双电极 CO_2 气保护单面焊双面成型焊接工艺,适用于船底外板、双层底分段顶板、上甲板等大合拢分段的平对接焊。板厚 22 mm 以下的焊缝可一次焊接完成,焊接一条 12 m 长、厚度为 22 mm 的焊缝仅需要 48～54 min。采用 CO_2 气保护双丝单面 MAG 焊工艺与传统的半自动 CO_2 气保护焊打底＋埋弧焊盖面工艺方法相比,焊接效率提高了 8 倍以上,焊丝的消耗量则减少了 35％以上,焊后几乎不变形。图 6-27 所示为沪东中华造船有限公司双丝 MAG 焊焊接工艺。与双丝单面 MAG 焊机相比,单丝单面 MAG 焊机具有小型轻便、便于携带的特点,适合作业空间较小、需经常搬移的施工环境如船体舱室内结构、底板等的焊接,这类平对接焊在造船的焊接工作中占有较大的比重。图 6-28 为沪东中华造船有限公司单丝单面 MAG 焊焊接工艺。

图 6-27　沪东中华造船有限公司
双丝 MAG 焊焊接工艺

图 6-28　沪东中华造船有限公司
单丝单面 MAG 焊接工艺

⑤水平角焊自动焊接工艺及装备。

自动平角焊机体积小、重量轻、搬移方便、无需轨道自动双向行走,操作性能极佳,只需按下按钮,不用监视即可自动稳定地焊接,到达终点时通过限位开关自动停止,一人可操作多台,且操作人员无需具备专门技能。图 6-29 所示为水平角焊自动焊接设备。双电极平角焊机主要适用于 $90°\sim120°$ 的倾斜横角焊缝。在船体结构中主要用于 $8\sim12$ mm 大焊脚的直角焊缝和槽型隔舱拼板接缝的角焊缝,采用一次两道焊接的焊接方法,根据不同的板厚和焊脚尺寸进行多层多道焊。水平角焊自动焊接工艺的推广应用对于提高我国造船业平角时缝的焊接工艺水平具有特别重要的意义,它使平角焊缝的焊接由手工半自动 CO_2 气保护焊接的方法转变为全自动焊接,提高了焊接效率和焊接质量,为缩短船舶建造周期提供了技术支持和设备保障。

图 6-29 水平角焊自动焊接设备

我国船舶高效焊接工艺及设备发展方向焊接机械化、自动化、智能化是造船行业技术发展的方向。对照国外先进造船国家焊接技术从手工焊→半自动焊→机械自动化焊→智能化焊接的发展轨迹看,我国船舶建造的焊接技术水平正处于半自动化到机械自动化焊接阶段,达到智能化焊接阶段还有一定距离。同时,焊接技术水平在不同的建造阶段发展也不平衡。从内场焊接生产看,平面分段制造较多采用大型装置化自动生产线,曲面分段的焊接生产基本还是以人工焊接为主。自主研发的船舶管系的法兰直管自动化焊接生产线已完全能适应生产需要,具有较高的智能化水平。外场船台(坞)的搭载生产,自主研发的台车型机械自动化焊接工艺技术已在部分船厂船体平直部焊接生产全面应用,还需要进一步开展推广应用。我国造船吨位总量现已达到世界第一,按照国家制定的发展规划,正在向世界第一造船大国的目标奋进。要在 2020 年实现这一宏伟目标,船体高效焊接技术方面必须结合我国船舶建造焊接生产的实际情况,对落后的生产环节要大力发展先进技术,整体上要迅速提升我国船舶焊接工艺技术和装备技术。

6.4 船舶焊接应用实例

船舶焊接技术的发展促进了船舶建造的大型化、多样化,同样,船舶焊接技术的发展也为我国海洋开发和建设提供了技术支持,如开发的 40 米自升式钻井平台、海上采油平台等。船舶焊接技术的发展也拓展了船厂的经营范围,随着船舶焊接技术的发展,一般的船厂都由原来生产单一的普通中小型货船拓展到灵便型液货船,再扩大到覆盖较为全面的船舶品种,以及钻井、采油等的一些海洋开发与建设方面的拓展,都离不开焊接技术的具体应用。

6.4.1　船舶结构焊接工艺

下面介绍某船厂船体焊接原则工艺。

(1)总则

1)要求施工者严格按照《焊接规格表》进行施工;

2)船体艏艉外板的对接缝(非自动焊拼板部分)应先焊横向焊缝,后焊纵向焊缝;

3)在建造过程中,先焊对接焊缝,后焊角焊缝;

4)整体建造部分和箱体分段等应从结构的中央向左右和前后逐格对称地进行焊接,由双数焊工对称施焊;

5)凡超过 1 m 以上的收缩变形量大的长焊缝,应采用分段退焊法或分中分段退焊进行焊接缝;

6)在焊接过程中,先焊收缩变形量大的焊缝,再焊变形量小的焊缝;

7)边箱分段、内底分段、甲板分段、艏艉分段分层建造,在合拢口两边应留出 200～300 mm 的外板缝暂不接焊,以利合拢时装配对接,且肋骨、舱壁及平台板等结构靠近合拢口一边的角焊缝也暂不焊接,等合拢缝焊完后再焊;

8)靠舷侧的内底边板与纵骨、底外板与纵骨至少要留一条纵骨暂不焊接,避免自由边波浪变形太大,不利于边箱合拢;

9)二层底分段艏艉分段大合拢,边箱分段合拢的对接缝要用低氢型(碱性)焊条或用相同级别的 711、712 的 CO_2 焊丝对称焊接,一次性连续焊完;

10)构件、分段、分片等部件各自完工后要自检、互检、报检,把缺陷修补完毕,把合格品送下一道工序组装,没有拿到合格单的部件不能放到下一道工序组装。

(2)焊接材料使用范围的规定

1)焊接下列船体结构和部件应采用低氢型焊条(碱性焊条)或相同级别的 711、712 系列的 CO_2 焊丝。

①船体环型对接焊缝,中桁材对接缝,合拢口处骨材对接焊缝;

②主机座及其相连接的构件;

③艏柱、艉柱、艉轴管、美人架等;

④桅杆座及腹板、带缆桩、导缆孔、锚机座、链闸及其座板等;

⑤艉拖沙与外板结构等;

⑥上下舵杆与法兰,舵杆套管与船体结构之间的连接。

2)普通钢结构的焊接用酸性 E4303 焊条焊接或 JM-56 系列 CO2 焊丝焊接。

3)埋弧自动拼板,板厚≥8 mm,用 φ4.0 mm 焊丝焊接,板厚 5～8 mm,用 φ3.2 mm 焊丝焊接。

(3)间断焊角接焊缝,局部加强焊的规定

1)组合桁材、强横梁、强肋骨的腹板与面板的角焊接缝在肘板区域内应为双面连续焊。

2)桁材、肋板、强横梁、强肋骨的端部加强焊长度应不小于腹板的高度,但间断的旁桁材端部可适当减小但要≥300 mm。

3)纵骨切断处端部的加强焊的长度应不小于 1 个肋距。

4)骨材端部削斜时,其加强焊长度不小于削斜长度,在肘板范围内应双面连续焊。

5)用肘板连接的肋骨、横梁、扶强材的端部的加强焊,在肘板范围内应双面连续焊。

6)各种构件的切口、切角、开孔(如流水孔、透气孔、通焊孔等)的两端应按下述长度进行包角焊。

①当板厚>12 mm 时,包角焊长度≥75 mm;

②当板厚≤12 mm 时,包角焊长度≥50 mm。

7)各种构件对接接头的两侧应有一段对称的角焊缝其长度不小于 75 mm。

(4)其他的规定

1)锚机座、链闸、系缆桩底座、桅杆底座等受力部位的甲板与横梁、纵骨等是间断焊缝的,应改为双面连续角缝。

2)中段底板外板缝,在平直位置的拼装焊缝采用手工焊或 CO_2 半自动焊打底焊至平,然后埋弧自动焊盖面。

3)如果构件的角焊缝大量采用双面间断焊,但对于少量的短构件无法均匀分布焊缝时,可采用单边连续焊,另一边包头焊,包头长度≥150 mm,原来焊脚高度不变。

4)主机座腹板与面板开 K 形坡口,角度 50°~55°,中间留钝边 1~2 mm,左右对称施焊,焊前要打磨清理坡口。

5)中段箱体甲板边板与舷顶列板的角焊缝采用单边开坡口,留钝边 0~3 mm,保证全熔透或深熔焊(按设计要求)。

6)为了减少舷侧板因角焊缝引起的变形,因此艏艉甲板与舷侧旁板、艉封板的平角焊缝暂不焊接,等上层舷侧板装好,焊好对接缝后才焊平角。

7)间断焊的角焊缝要求在施焊的部位点焊,不施焊的部位不能乱点焊。

(5)焊接材料的要求

1)船上使用的焊接材料必须具备相应船级社认可证书,使用前必须是经检验合格的产品。如果焊条受潮则必须经烘干后方能使用:酸性焊条烘干温度为 150℃×1 h,碱性焊条烘干温度为 350℃×2 h。

2)点焊、补焊所使用的焊材要与原焊缝所用的焊接材料一致,吊环焊接必须使用低氢型(碱性)焊材。

3)使用碱性焊条施焊时,焊条必须放于 100℃~150℃保温筒中保温,不能露天放置,用完一支取一支。

4)使用 CO_2 气体保护焊时,气体纯度应达到 99.5%以上,使用前应进行放水处理,气瓶余压保持在 10 kgf/cm² 以上,气体流量在 12~18 L/min 之间,气瓶余压降至 10 kgf/cm² 时,要更换气瓶。

5)埋弧自动焊的焊剂使用前必须经过 $200℃\sim250℃×1\ h$ 烘干后方可使用,焊丝必须是干净无杂物、油污、无锈的合格品。

(6)各种焊接方法使用范围

1)单丝埋弧自动焊(板厚≥5 mm)。

①内底板、平直船底板、平行舯体舷侧外板、甲板、纵横舱壁板、平台板、上层建筑甲板、内外围壁板及其他平直板材拼板对接缝。

②分段合拢后处于水平位置的对接缝的盖面焊。

2)CO_2气体保护自动角焊或半自动角焊(设备待购)

①纵骨与内底板、平直外板。

②甲板与纵骨、舱壁与扶强材、上层建筑(反装)甲板与横梁。

③舷侧外板(平直)、纵壁与纵骨。

④各类平直 T 形构件。

3)CO_2气体保护半自动焊(陶瓷垫片单面焊双面成型)。

①所有环型大合拢对接焊缝。

②左右分段拼装合拢的纵向对接缝。

③其余外板平、立位置对接缝。

4)CO_2气体保护半自动焊。

①有线型的角焊,长度和位置不适合进行自动焊的角接焊缝,对接焊缝、吊环等。

②肘板与内底板、外板的角焊缝,纵舱壁与内底板、甲板、横舱壁及横舱壁与内底板、甲板等的角焊缝。

③艏、艉段纵横向外板对接焊缝。

④艏、艉段纵横构件的角焊缝。

⑤上层建筑的平、立位置的对接缝及角焊缝。

5)手工电弧焊。

①全船仰位置的角接焊缝及少量的对接缝。

②局部困难位置和不能体现 CO_2 气体焊优点的所有焊缝。

(7)焊工资格及施焊要求

1)本船属入级船舶,从事该船焊接施工的焊工必须具备相应船舶社认可的证书(相应位置认可资格证书),并且施工范围不能超出证书规定的工作范围(焊接位置,焊接方法),施工时要求持证,随时接受质检员及生产主管、验船师的检查。生产主管及质检员做好现场焊接生产工艺纪律的监督,及时向技术部门反映现场生产中存在的焊接问题。

2)焊工进入该船施焊过程中,必须严格执行《焊接工艺认可评定》。

3)焊缝具体规格要求按《焊接规格表》执行。

4)施焊过程必须调校好所使用的电流、电压,保证焊缝与母材的熔透并不会出现"咬边"现象。

5)角焊缝"焊脚"必须均匀对称,焊缝表面平滑、熔透性能好。

6)CO_2气体保护多道焊的焊接。

打底焊的厚度控制在 3～4 mm(CO_2气体保护单面焊双面成型打底层焊道工艺参数应偏小点),连接焊道的弧坑应打磨,如果在焊接过程中因焊机故障或其他原因需中断焊接时,则必须把弧坑打磨成斜坡,斜坡角度应小,斜坡末端要薄,以利与焊缝的连接,避免焊缝接头处过高的缺陷。

焊填充层焊道,焊前先清理打底层的焊渣,并检查打底焊道余高。如果焊道高凸则可用砂轮磨平,填充层焊道的工艺参数应大于打底层焊道;施焊时特别注意,不要让填充焊道凸起太高,以免造成两侧死角而产生夹渣和未熔合缺陷,填充层焊道高度离钢板表面距离约 2 mm,并要注意不要把坡口的边缘熔化掉。

焊盖面层焊道,焊前清理焊渣杂物,并查看填充焊缝宽和高度,如局部过小可焊上相应尺寸短焊道,如局部过高则用砂轮磨平,再焊盖面焊。

7)陶质衬垫 CO_2气体保护半自动单面焊。

①坡口尺寸按《焊接工艺认可评定》执行。

②清除正面坡口内及两侧的锈、漆及污垢,并对坡口背面进行平整清理马脚、焊疤和锈垢等,以保证陶质衬垫能紧贴在焊件背面上。

③坡口内不宜使用定位焊,固定板缝可用装配"码","两码"之间距离以 250 mm 为佳。

④必须将衬垫的红色中线对准焊缝中心,贴于焊件背面并一定要把铝箔捋平。

⑤必须认真打底焊、施焊时仔细观察熔池和焊道根部的形成,保障焊道背面成型良好。

8)建议操作。

①坡口正反面的周围 20 mm 范围内(碳弧气刨或风割炬开坡口要用砂轮磨掉坡口表面的氧化皮及修正坡口)要清除一切油污锈水等杂物。

②在 CO_2气体保护焊对接焊缝(板厚>8 mm)中,施焊时在坡口内做小幅度横向摆动、焊丝在坡口两侧稍作停留,保障焊缝与母材熔透。

③焊丝伸出长度一般为焊丝直径的 10～12 倍。

④使用 CO_2气体保护焊,焊接电流在 200 A 以下,气体流量应选 10～15 L/min,焊接电流在 200 A 以上,则气流量应选 15～25 L/min。

(8)焊接节点应用要求

1)板厚差削过渡边的要求。

当单边板厚差 d>4 mm 时,要进行板厚削斜处理。削斜长度 $L \geq 10d$,如图 6-30 所示。

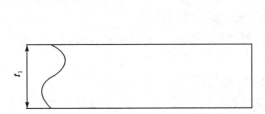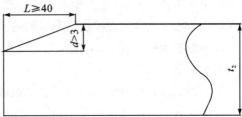

图 6-30　板厚削斜处理

过渡边焊后要打磨平滑以保证应力平滑过渡。

2)焊缝最少间距要求。

①对接焊缝之间的平行间距 $d \geqslant 300$ mm。

②角接焊缝或角接焊缝与对接焊缝之间间距 $d \geqslant 30 + 3t$(t 为板厚)。

③同一平面内焊缝与人孔、气孔等开孔之间间距 $d \geqslant 30$ mm。

④割换板宽度 $L \geqslant 300$ mm。

⑤管子纵向焊缝至少错开 50 mm(弧长)。

(9)拼板焊接要求

所有拼板的对接焊缝必须平直,无锈无氧化皮及杂物,焊缝表面两边 20 mm 应清洁无任何杂物,拼缝间隙 0～1.5 mm(定位焊应尽量少,点焊要小),每一条焊缝施焊前应装上与原板等厚的 $\geqslant 100 \times 100$ mm 规格的引弧板和接弧板,方可施第一道焊,具体操作规程按《焊接工艺认可评定》执行。反身二道施焊前,必须用砂轮机把氧化皮等杂物打磨干净(焊道内及两边 20 mm 范围)方可施焊。

(10)焊前预热要求

以下各项焊接,施焊前必须采取预热措施,预热温度根据板厚确定(一般为 150℃左右):

1)铸钢(锻钢)之间及铸钢(锻钢)与其他结构钢间的焊接。

当气温低于 5℃时或者工件刚性过大时以及材料碳当量大于 0.41% 时,各项点焊与补焊也同样要求预热。

2)预热与层间温度。

①预热范围至少为坡口两侧 100 mm(注意加热范围应保证不会使用周围板产生较大变形),加热应使整个加热区域达到预热温度,而不是局部。

②铸钢件焊接应注意焊层间温度不能超过 250℃,不低于预热温度。

③焊后和热处理结束后立即用石棉保温材料覆盖缓冷。

3)焊后热处理。

①局部去应力热处理温度范围为 550℃～600℃,在此温度范围内保温时间为 1～2 min/mm 厚,但不超过 3 h。

②加热与冷却速度要求缓慢(工件温度在 300℃以上特别注意监控)。

(11)潮湿条件下的焊接要求

1)由于下雨、冷空气或其他原因使空气湿度大、焊接接头有潮湿时必须用火焰将坡口两侧 100 mm 范围内和接头间隙之间的水分彻底烘干才可焊接。

2)周围有水的情况下,电弧作用点与水的距离超过 100 mm,且保证在焊接过程中不会有流水影响方可施焊。

3)一般强度钢在没有与水直接接触情况下才能焊接。

4)雨天露天环境下的焊接施工应停止(除非焊接区域、焊接设备、焊接材料及焊工都有有效遮挡且有防风雨措施时才能施工)。

（12）注意事项

1）装配间隙应符合工艺规定和图纸要求，焊缝应保证平直。

2）焊缝受潮要用火焰烘干后才施焊。

3）点焊尽量选在焊件的端面和背面。

4）薄板焊接要注意焊后变形及焊缝成型不良现象。

5）搭接焊缝、两板的搭接宽度应为较薄板厚的 3～4 倍，但不大于 50 mm。

6）等厚板错边量：重要结构 $a<0.1t$（t 为板厚），且不大于 2 mm，一般结构，$a<0.15t$（t 为板厚）且不大于 3 mm。

（13）质量要求

1）焊缝的外观尺度必须满足《焊接规格表》要求。

2）焊缝内部质量按入级规范要求。

3）无损探伤数量、部位及质量等级由验船师与设计部门共同协定。

（14）船台大合拢焊接工艺

1）合拢口处的所有角焊缝均按 6 500 t 油船《焊接规格表》的尺寸要求进行施焊。

焊接材料：特殊部位另定，一般结构钢是：

①焊条用 CHE42（E4303）。

②CO_2 焊丝用 CHW-50C6SW 或 CHT-711、KFX-712C，φ1. 2 mm。

2）合拢口处的桁材、骨材的对接焊缝按《焊接工艺认可评定》执行。其中：

①手工平、立、仰对接均采用单边坡口反面清根。

②CO_2 平、立对接均采用单边坡口，背面加衬垫。

③焊接材料：a. 焊条 CHE56（E5016）；b. 焊丝 CHT-711 或 KFX-712C。

3）内底板（二层底板）、底板、纵舱壁、舷侧外板、甲板等的对接焊。

①内底板与内底板的对接焊坡口向上。a. 纵向焊缝采用单边坡口反面成型法，首先用 CO_2 焊打底反面加衬垫，焊缝厚度控制在 4～5 mm，再用埋弧自动焊分两道焊完。b. 横向焊缝全部采用 CO_2 单边焊双面成型法焊完。

②底板与底板的对接焊坡口向上，纵向与横向焊缝全部采用 CO_2 单边焊双面成型法焊完。

③纵舱壁与纵舱壁的对接焊坡口向船舯，采用 CO_2 单边焊双面成型法焊完。

④舷侧外板与舷侧外板的对接焊坡口向外（背向船舯），采用 CO_2 单边焊双面成型法焊完。

⑤甲板与甲板的对接焊坡口向上，采用 CO_2 单边焊双面成型法焊完。

⑥焊接材料 CO_2 焊丝用 CHT711 或 KFX-712C，φ1. 2 mm. 埋弧自动焊丝用 H08A，φ4. 0 mm。

4）纵横舱壁（槽型）的焊接。

①对接拼装焊，采用 CO_2 单边焊双面成型法。

②四周角焊缝，采用单面开坡口，钝边 0～3 mm。为了保证全熔透，反面用砂轮机进行清根。平、立位置焊用 CO_2 半自动焊，仰位置焊用手工电弧焊完成。

5)焊接程序及坡口方向图。

①先焊桁材、骨材的对接缝。

②再焊板与板之间的对接缝。

③后焊桁材、骨材的角焊缝。

6.4.2 船舶建造焊接实例

(1)艉柱的装焊工艺

某厂为德国船东建造的 502/275TEU 集装箱多用途船是单甲板、双底双壳、球鼻首、方尾、尾机型机动船。此船配单机单浆、带轴带发电机、首侧推、贝克舵、液压舱口盖、克令吊、采用无人机舱。该船入级为 GL 级,并且许多地方要满足德国 SBG 的严格要求。为了确保该船的建造质量,在建造过程中采用了许多新的工艺并设立多项技术攻关项目,尾柱的安装及焊接工艺就是其中的一项。

该船尾柱高约 4.4 m,长为 1.816 m,最宽处约为 1.2 m,自重约 108 kN。结构复杂、尺度大、重量大。对整体浇铸的尾柱安装,传统的工艺方法是在总装线船台上待分段合拢后再拉主机轴线采用正造的方法定位安装尾柱,此工艺方法容易控制主机轴线及舵中心线偏差,但是仰焊的工作量大,船台周期较长。为了缩短造船周期,同时保证建造质量及精度,决定 502/275TEU 集装箱船尾柱的安装分两步进行:先将 7100 平台—上甲板及上、下两个反造的小分段合拢成总段,然后在 A02 总段上采用反造的方法安装整体浇铸的尾柱,如图 6-31 所示。

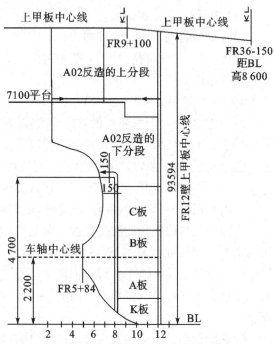

图 6-31　艉柱在 A02 分段上的相对位置图

据此法建造,主机轴线及舵中心线在分段建造时要准确定位,尾部分段在建造及运输翻身时应严格控制变形,并确保尾柱轴线,舵中心线在分段合拢后不超差。其安装及焊接工艺如下。

1)艉柱安装的精度要求。

①艉柱采用整体浇铸而成,艉柱的轴毂孔在内场加工,尾柱上船安装后,外场不镗孔,轴毂与尾轴管采用浇铸环氧树脂胶合,并且要求轴毂孔与尾轴管的间隙为 18 mm(单边)。

②艉柱安装时除了要保证与船壳光顺对接外,必须保证轴毂孔中心线与轴线相对偏差在 ±2 mm 范围内。

2)艉柱的定位及安装。

定位基准面的选取见图 6-31,A02 分段上甲板♯2＋150～♯9＋100,横向左右舷距舯 5100 的范围内为一水平面,因此选择此水平面作为 A02 上下两个小分段合拢及尾柱轴中心线定位的基准面。

①用激光经纬仪选取上甲板♯2＋150 肋位上中点,左右两边距舯 5100 两点,上甲板♯5、♯7、♯9＋150 肋位上中点,左右两边距舯 5100 两点检测,取所测的上述 12 点的平均值作为基准面值。

②用经纬仪将基准面值过到♯12 舱壁的中点及舷边两点上,并在♯3 肋位舷边两点也过上基准面值。

③为了保证总装顺利,用经纬仪检测环缝处(♯2＋150 及♯12＋150)在上甲板上的中点及两舷边型值与样台实际型值偏差、与基准面值的偏差及♯12 壁与基准面的垂直度。

④用经纬仪将♯2＋150～♯12 壁的甲板中点垂直过到♯12 壁与外板相接处,并将上、下两中点连成一根垂直于基准面的直线,轴线在♯12 壁及♯2＋150 上的点应在此直线上。

⑤在平台上固定好经纬仪,按基准面高度值测定轴线在♯12 壁上的点,然后用激光经纬仪将此点射向♯11、♯10、♯9 肋板上,并在上述肋板上以射线为中心划直径约为 350 mm 的圆线,并割孔(便于轴线钢丝通过)和在♯12 壁上安装"A"靶架及♯3 外板上装"B"临时靶架,并找出前靶点"a"及尾靶点"b",在以上靶点锯出钢丝线口,并拉好轴系中心钢丝线。见图 6-32、图 6-33。

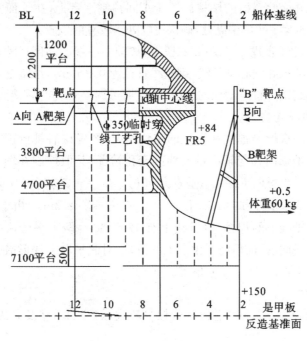

图 6-32　靶架靶点定位图

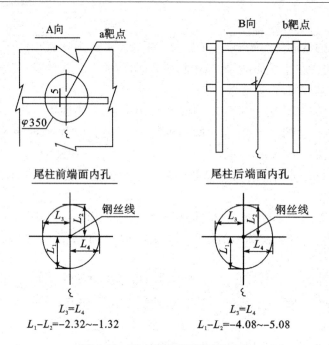

图 6-33　靶点处偏差精度示意图

3）艉柱的安装步骤。

①艉柱安装前，A02 分段的 7100 平台上、下两个小分段应在反造胎架上合拢完毕。另外，船壳外板仅留下图 6-31 所示的 A 板不装，待尾柱装好后再装。

②将已加工好并交验合格的尾柱放置于车间预制平台上，在上面安装起吊吊环，吊环装在尾柱底部♯6、♯8 肋位中纵处，确保尾柱处于较直的位置。

③将艉柱吊上已经合拢好的 A02 总段上，按轴中心线的高度尺寸初步定位，然后分别通过靶点"a"及"b"拉好轴心钢丝线（钢丝线直径为 0.8 mm），吊坠重 60 ± 0.5 kg，并用经纬仪复核一次轴线钢丝首尾靶架的高度，最后通过调整轴孔前后端面距钢丝线的距离将艉柱准确定位，并施定位焊。

④定位后重复一次检测轴线和尾柱的定位情况，经确认后进行正式焊接。焊接时，钳工应随时测量尾轴管内孔与轴心钢丝线的变化情况，其值控制在图 6-37 所示的范围内。尾柱前端内孔水平方向 $L_3 = L_4$；垂直方向 $L_1 - L_2 = -2.32 \sim -1.32$ mm；尾柱后端内孔水平方向 $L_3 = L_4$；垂直方向 $L_1 - L_2 = -4.08 \sim -5.08$ mm。由于艉柱柱体在轴线上的焊接量要大于轴线下的焊接量（轴线上有 4700、3800 两个平台，一道纵向筋板及铸体对接缝），焊接后，轴毂孔前后将产生向上的位移，对此采取反变形措施，将轴毂孔前后中心与轴线有意向下形成 $2 \sim 3$ mm 偏差。

4）艉柱的焊接。

由于尾柱的板较厚，与 A02 总段的焊接量较大，焊接的顺序及方法对控制尾柱的安装精度非常关键。

①焊接方法。

采用手工电弧焊打底,然后用 CO_2 气体保护半自动焊的方法分多层封盖。CO_2 气体保护焊焊丝为 H08 Mn2SiA,焊丝直径为 1.2 mm,焊接电流应控制在 100~120 A。由于铸钢件的厚度较大、形状复杂、含碳量高,手工焊条应采用抗裂性较好且较小直径(一般选 3.2 mm)的低氢焊条,焊接电流控制在 140~160 A。焊前铸钢件焊缝边应采用预热措施,预热温度一般为 120℃~200℃。

②焊缝坡口设计。

图 6-34 节点 A 表示舻柱外板开单边过渡坡口与尾柱外板相接的尾分段外板开 K 型双边坡口。图 6-34 节点 B 表示舻柱壳板与♯8 肋板单面 T 型角接的坡口形式,♯8 肋板与舻柱壳板角接缝只能单边施焊,因此在一边先焊一 5×40 的垫板,然后将♯8 肋板装上再施焊。图 6-35 表示与尾柱 1250、3900、4700 平台板及纵隔板相接的尾分段平台板开 K 型双边坡口,舻柱 1250、3900、4700 平台板及纵隔板开单边或双边过渡坡口。

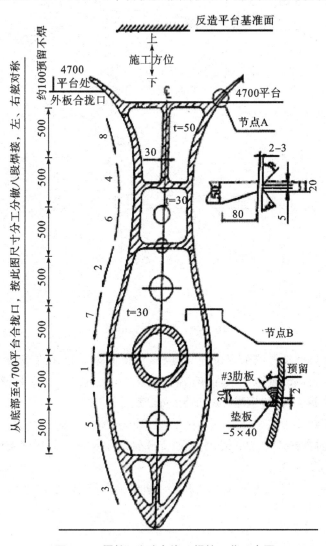

图 6-34　尾柱 8♯肋合拢口焊接工艺示意图

③焊接程序。

为了控制变形,焊接过程中应由两人对称等速施焊,上一道焊冷却后才能施下一道焊,而且采用跳焊的方法。将从底部至 4700 平台合拢口共分成左右对称的八段焊接,将4700平台处的水平环形合拢缝,分成左右对称的三段,按图 6-34 及图 6-36 所示的方向及顺序焊接,并随时测量尾轴管中心线是否在要求的精度范围内,若有偏离,应及时处理。处理的方法主要是通过分析偏离的方向,用调整焊接部位及焊接量的方法来修正偏差。

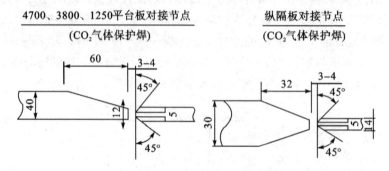

图 6-35　平台、隔板焊接剖口图

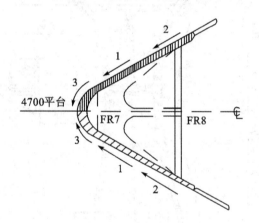

图 6-36　4700 平台剖面

实践证明,采用此种方法来定位安装尾柱,使得原来需要在总装船台安装尾柱提前到分段上安装,既可以改善施工条件、减轻劳动强度,又可以保证安装精度、提高安装效率、缩短安装的时间,大型铸钢尾柱的安装应推广此种方法。

(2)艉轴支架焊接工艺

某型船后艉轴架采用双臂支架,由于两支撑臂间距及轴毂下端到支臂顶端的几何尺寸较大(图 6-37),整体浇注困难,浇注时的扭曲变形难以控制,综合考虑工件尺寸、浇注质量、经济性等因素,将支撑臂在近毂端断开,分段浇注,焊接组合成型。

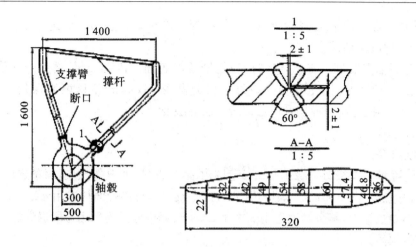

图 6-37 艉轴架及局部剖面图

艉轴架的化学成分及力学性能见表 6-11。

表 6-11 ZG230-450C 的化学成分及力学性能

元素含量（质量分数）（%）									
					残余元素				
C	Si	Mn	S	P	Ni	Cr	Cu	Mo	总含量
0.3	0.5	0.5～1.6	0.04	0.04	0.4	0.3	0.3	0.15	0.8

力学性能				
屈服点 σ/MPa	抗拉强度 σ/MPa	伸长率 δ（%）	断面收缩率 v（%）	冲击吸引功 A/J
≥230	≥450	≥22	≥32	≥27

1）焊前分析。

①ZG230-450C 船用铸钢，含碳量较高，淬硬倾向大，在热影响区容易产生低塑性的马氏体组织，在焊接应力作用下容易产生裂纹。因此，必须制定严格的焊前预热、焊接时道间温度控制和焊后缓冷的工艺措施。

②艉轴架支撑臂剖面呈机翼型（图 6-38），最大厚度 60 mm。随着板厚的增加，焊接接头的冷却速度加快，促使焊缝金属硬化，接头内残余应力增大，需要选用抗裂性能好的低氢型焊条，焊接坡口要避免设计成窄而深的形状，防止产生焊接热裂纹。

③由于含碳量较高，焊接时需注意减少氢的来源。焊前彻底清除待焊部位及其附近各种杂质，焊条必须烘焙，对已溶入焊缝和热影响区的氢，需要采取后热措施使之向外扩散。

④为减少母材金属溶入焊缝中的比例，影响焊缝的力学

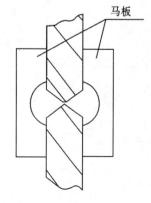

图 6-38 马板固定支撑臂图

性能,焊接接头需做成 U 形或 V 形坡口,打底焊及与母材接触面焊应选用小直径焊条、小焊接电流,以减少熔深。

⑤组合艉轴支架组合前,应仔细检查艉轴架的表面及内部质量,铸件应无浇、冒 El 残根,无粘沙、氧化皮、气孔、缩孔、裂缝和结疤等缺陷,内部经超声波探伤符合 GB/F7233—1987 铸钢件超声探伤及质量评级方法 II 级要求。

2)焊接过程。

①焊前准备。

彻底清除坡口及坡口边缘 100 mm 范围内油污、铁锈、水分等杂质,焊条选用 J507 低氢型焊条,并经 350℃～400℃,烘焙 2 小时,打底及与母材接触面焊选用 φ2.5 mm 焊条,直流反接小参数施焊,其余各道选用 3.2 mm 焊条,焊接方式均采用分段退焊法。

②焊前预热。

用绳式加热器对焊缝两侧各 300 mm 范围进行预热,加热至 90℃～100℃时,停止加热,待热量向母材内部充分传导,用测温计测量各点温度基本一致后,继续加热至 120℃～150℃,达到预热温度后,可立即进行焊接。

③焊接过程控制。

为减小焊接变形,平焊至单面坡口 113 处。将艉轴架翻转放平,碳弧气刨清根后,用扁砂轮打磨清除渗碳层与熔渣,直至露出金属光泽后焊接该面坡口,焊满为止,再将艉轴架翻转,将未焊满部分焊完。焊接结束,立即用石棉布包裹缓冷,并加热至 200℃,保温 2 小时,使已溶入焊缝和热影响区的氢向外扩散。

3)焊接中注意的问题。

①为保证焊接质量,各层各道焊的引弧、熄弧点要错开。

②施焊时,应派专人清理道与道、层与层间的氧化物,对局部出现的咬边、夹渣及引、熄弧段均用扁砂轮机彻底打磨出白,然后施焊。

③碳弧气刨产生的高碳晶粒是产生焊接裂纹的致命原因,所以必须彻底打磨干净。

④焊接道间温度控制不得低于预热温度。

⑤焊接过程中需锤击热态焊缝金属,以减小焊接应力。

参考文献

[1] 杜利楠. 我国海洋工程装备制造业的发展潜力研究[D]. 大连海事大学硕士论文, 2012.

[2] 高升, 刘琦. 海洋工程装备发展及用钢前景分析[J]. 冶金管理, 2012(8): 29-31.

[3] 郭静. 我国海洋工程装备制造业产业发展和布局研究[D]. 辽宁师范大学硕士论文, 2011.

[4] 郑文涛, 刘诗亮, 苏振国, 等. 浅谈海洋工程装备产业创新发展[J]. 中国科学博览, 2013(12): 134-134.

[5] 叶向东. 沿海地区海洋发展战略研究[J]. 网络财富, 2010(3): 55-57.

[6] 倪慧锋. 船舶焊接材料应用与发展[J]. 金属加工: 热加工, 2011(20): 11-14.

[7] 周国平. 海洋工程装备关键技术和支撑技术研究[C]. 第七届长三角地区船舶工业发展论坛专题报告, 2011: 85-98.

[8] 王磊. 动力定位系统研究进展[C]. 第十二届全国海事技术研讨会论文集, 2007: 40-47.

[9] 单连政, 董本京, 刘猛, 等. FPSO 技术现状及发展趋势[J]. 石油矿场机械, 2008(10): 26-30.

[10] 王定亚, 丁莉萍. 海洋钻井平台技术现状与发展趋势[J]. 石油机械, 2010(4): 69-72.

[11] 江本帅. 大型海洋工程装备的浮态制造方法研究[J]. 机械设计与制造, 2013(4): 165-167.

[12] 迟愚, 刘照伟, 史海东. 全球海洋钻井平台市场现状及发展趋势[J]. 国际石油经济, 2009(10): 17-23.

[13] 钱建民, 邹家仁, 许祥平. 数字化在船舶焊接中的应用及发展[J]. 江苏船舶, 2011(4): 27-28.

[14] 于云风, 刘鸿升, 张玉成. 海上桩管环缝自动焊接技术[J]. 石油工程建设, 2000(3): 33-37.

[15] 李风波. 海洋工程焊接技术浅析[J]. 金属加工: 热加工, 2013(2): 27-28.

[16] 赵为松. 海洋工程结构焊接技术[J]. 电焊机, 2012(12): 63-65.

[17] 马陈勇, 赵继文, 宋文强. 水下焊接技术在海洋工程中的应用及发展趋势[C]. 第十三届中国海洋(岸)工程学术讨论会论文集. 2007: 659-662.

[18] 陈家本. 海洋工程制造中的关键焊接技术分析[J]. 电焊机, 2012(11): 11-14.

[19] 陈式亮. 水下焊接技术的现状和展望[J]. 海洋技术, 1982(2): 37-47.

[20] 高飞,严铿,邹家生. 焊接机器人在船舶工业中的应用[J]. 江苏船舶,2009(3):41-44.

[21] 刘大胜,李庆杰,曲道奎. 焊接机器人的发展现状与趋势[J]. 机械工人,2001(9):6-7.

[22] 关桥,栾国红. 搅拌摩擦焊的现状与发展[C]. 第十一次全国焊接会议论文集(第一册). 2005:15-29.

[23] 梁亚军,薛龙,吕涛,王中辉,邹勇. 水下焊接技术及其在我国海洋工程中的应用[J]. 金属加工:热加工,2009(4):17-20.

[24] 陈祝年. 焊接工程师手册[M]. 北京:机械工业出版社,2008.

[25] 杜永鹏,袁新,贾传宝,等. 水下湿法手工电弧焊焊接设备特性研究[J]. 焊管,2012(5):40-43.

[26] 周灿丰,焦向东,房晓明. 高压TIG焊接技术及其应用研究[J]. 焊接技术,2004(5):34-35.

[27] 李尚周,梅福欣,李志明. 水下TIG焊接的研究[J]. 华南工学院学报,1984(1):80-94.

[28] 周灿丰,焦向东,陈家庆,等. 海洋工程深水焊接新技术[J]. 焊接,2006(4):11-15.

[29] 李娜. 水下激光焊自动化修复工艺[J]. 现代焊接,2010(8):31-33.

[30] 刘立君,李冬青. 管道焊接过程智能控制技术及其应用[M]. 北京:北京大学出版社,2010.

[31] 史耀武,张新平,雷永平. 严酷条件下的焊接技术[M]. 北京:机械工业出版社,1999.

[32] 刘世明,王国荣,梁孝钜,等. 低碳钢水下焊焊条的研究与应用[J]. 机械开发,1984(1):22-28.

[33] 续守成,贝全荣. 水下焊接与切割技术[M]. 北京:海洋出版社,1986.

[34] 陈锦鸿,肖志平. 水下干式高压焊接在海(河)底管线维修中的应用[J]. 焊接技术,1998(6):25-26.

[35] 王中辉,蒋力培,焦白东,等. 高压干法水下焊接装备与技术的发展[J]. 2005(10):9-11.

[36] 朱加雷,焦向东,蒋力培,等. 水下焊接技术的研究与应用现状[J]. 焊接技术,2009(8):4-7.

[37] 林文清. 水下焊接技术的开发与应用[J]. 造船技术,1993(3):34-36.

[38] 沈晓勤. 湿法深水焊条的研制[J]. 焊接,2000(10):19-23.

[39] 沈红芳,郑建荣. ADAMS在弧焊机器人运动学中的仿真分析和应用[J]. 机械设计,2004(12):50-52.

[40] 蔡自兴. 焊缝自动跟踪系统技术及应用[M]. 北京:机械工业出版社,1999.

[41] 陈家本. 我国造船焊接技术的发展与展望[J]. 机械工人,2000(8):3-5.

[42] 王海东. 新型轮式机器人焊缝跟踪智能控制系统的研究[D]. 南昌大学硕士论文,2004.

[43] 王峰. 水下船体表面清刷机器人磁吸附驱动装置的研究[D]. 哈尔滨工程大学硕士

论文,2003.

[44] 蒋新松,封锡盛. 水下机器人[M]. 沈阳:辽宁科学技术出版社,2000.

[45] 钟先友,谭跃刚. 水下机器人动密封技术[J]. 机械工程师,2006(1):40-41.

[46] 舒新宇,王国荣,李国进. 水下机器人技术在焊接中的应用现状与前景[J]. 电焊机,2005(6):25-28.

[47] 刘淑霞,王炎,徐殿国,等. 爬壁机器人技术的应用[J]. 机器人,1999(2):148-155.

[48] 王军波,陈强,孙振国. 爬壁机器人变磁力吸附单元的优化设计[J]. 清华大学学报:自然科学版,2003(2):214-217.

[49] 余晋岳,陈佳品等. 稀土永磁在爬壁机器人中的应用[J]. 磁性材料及器件,1997,28(3):17-19.

[50] 熊有伦. 机器人学[M]. 北京:机械工业出版社,1993.

[51] 王天然. 机器人[M]. 北京:化学工业出版社,2002.

[52] 黄雪梅,赵明扬,陈书宏. 工业机器人虚拟样机系统的研究[J]. 计算机仿真,2003(3):56-57.

[53] 赵言正. 全方位壁面移动机器人系统的研究[D]. 哈尔滨工业大学博士论文,1999.

[54] 郑国云. 移动机器人角焊缝轨迹跟踪仿真及智能控制系统[D]. 南昌大学硕士论文,2005.

[55] 欧光峰. 轮履式移动弧焊机器人控制系统的研究[D]. 南昌大学硕士论文,2003.

[56] 涂政,吕奎清. 船舶高效焊接的发展[J]. 现代焊接,2012(6):49-50.

[57] 谢群集. 船舶焊接器材的发展趋势[J]. 现代焊接,2007(11):1-3.

[58] 倪慧锋. 船舶焊接技术应用现状[J]. 现代焊接,2007(11):4-5.

[59] 潘正军. 创新高效焊接技术打造绿色造船企业推动广船国际快速健康发展、迈向新高点[J]. 现代焊接,2007(11):8-9.

[60] 邹家生. 造船工业及焊接技术的现状和发展[J]. 现代焊接,2008(4):1-6.

[61] 周方明,陶永宏. 国外舰船先进制造技术——现代焊接技术(上)[J]. 中外船舶科技,2008(3):17-21.

[62] 张文毓. 舰船有色金属焊接材料的发展与应用[J]. 中外船舶科技,2010(1):24-27.

[63] 马金军. 船舶用焊接材料的应用及展望[J]. 金属加工:热加工,2013(8):12-15.

[64] 康建国. 论述船舶焊接新技术发展[J]. 中国高新技术企业,2013(13):18-19.

[65] 方臣富,李晓泉,陶永宏. 船舶焊接设备的应用现状及发展[J]. 焊接技术,2006(6):43-46.

[66] 陈家本. 共创船舶焊接技术的新时代[J]. 机械工人:热加工,2007(2):11.

[67] 黄永锡. 上海船舶工业展望与船舶焊接应用[J]. 电焊机,2007(6):1-3.

[68] 陈家本,郑惠锦,朱若凡,等. 中国船舶焊接技术进展[J]. 焊接,2007(5):1-6.

[69] 船舶焊接技术的发展状况——访焊接专家陈家本研究员[J]. 船舶工程,2007(4):104-105.

[70] 曹桂森.浅议船舶焊接技术[J].中国水运:理论版,2007(10):10-11.

[71] 张淑杰.高效焊接精益造船——船舶焊接技术专辑[J].金属加工:热加工,2008(16):9.

[72] 曾江.焊接南北船扬帆新中国——新中国船舶焊接技术[J].金属加工:热加工,2009(4):3-4.

[73] 镡志娟.船舶焊接及其可持续发展[J].科技资讯,2009(14):125.

[74] 王冰,李勇.国外船舶焊接技术发展近况[J].舰船科学技术,2009(5):156-159.

[75] 陈家本.对21世纪国外先进船舶焊接技术发展趋势的研究[J].金属加工:热加工,2009(20):18-21.

[76] 周洋.焊接技术在船舶建造中应用的探索[J].黑龙江科技信息,2010(25):35.

[77] 皮智谋.几种先进的焊接技术研究现状综述[J].热加工工艺,2013(23):8-13.

[78] 朱丙坤,吴伦发.我国船舶焊接技术的应用现状和发展趋势[J].机械工人,2005(10):12-14.

[79] 郑惠锦,陈家本.船舶焊接与可持续发展[J].造船技术,2005(4):29-32.

[80] 周国胜.关于我国造船焊接技术发展的思考[J].机械工人,2003(5):23-25.

[81] 陈家本.船舶焊接技术现状与展望[J].电焊机,2004(2):1-4.

[82] 张雪彪,刘玉君,徐宏伟.船舶高效焊接工艺现状及发展[C].2008中国大连国际海事论坛论文集.2008:79-82.

[83] 周利,刘一搏,郭宁,等.水下焊接技术的研究发展现状[J].电焊机,2012(11):6-10.

[84] 陈英,许威,马洪伟,等.水下焊接技术研究现状和发展趋势[J].焊管,2014(5):29-34.

[85] 姚杞,罗震,李洋,等.不锈钢水下激光焊接焊缝成形与力学性能[J].上海交通大学学报,2015(3):333-336.

[86] 李卫强,朱加雷,焦向东,等.基于电弧声信号的高压干法水下脉冲MIG焊接稳定性分析[J].电焊机,2015(2):31-34.

[87] 石永华,李志辉,林水强,等.水下焊接参数相关性分析及其电弧稳定性研究[J].上海交通大学学报,2015(1):74-79.

[88] 郑伟.水下管道维修机具结构设计与切割过程建模及仿真[D].哈尔滨工程大学,2012.

[89] 邹宏宇,施瑜,孙长亮.PHC桩水下切割施工新工艺[J].中国水运(下半月),2014(6):320-321.

[90] 陶杰,毛丽娟,惠胜利,等.海上废弃平台钢桩水下切割方法[J].石油和化工设备,2013(6):42-43.

[91] 王威,檀财旺,徐良,等.水下50 m激光切割30 mm厚钢板特性[J].焊接学报,2015(1):35-38.

[92] 陈晓强,马震,汪福强,等.切割参数对水下电-氧切割的影响[J].金属加工:热加工,2014(16):69-70.